全场景
应急安全知识

四川应急广播《应急在身边》节目组 编

四川科学技术出版社

图书在版编目（CIP）数据

全场景应急安全知识 / 四川应急广播《应急在身边》节目组编. -- 成都：四川科学技术出版社，2025. 4. ISBN 978-7-5727-1754-3

Ⅰ. X4

中国国家版本馆CIP数据核字第20250HU095号

全场景应急安全知识
QUAN CHANGJING YINGJI ANQUAN ZHISHI

四川应急广播《应急在身边》节目组 编

节目组成员　肖建军　赵玲　孙璐　郑皓

出 品 人	程佳月
策划编辑	何晓霞
营销编辑	刘　成
责任编辑	吴晓琳　文景茹
责任出版	欧晓春
出版发行	四川科学技术出版社
	成都市锦江区三色路238号 邮政编码 610023
	官方微信公众号：sckjcbs
	传真：028-86361756
成品尺寸	170 mm × 240 mm
印　　张	10.25
字　　数	200千字
制　　作	成都华桐美术设计有限公司
印　　刷	雅艺云印（成都）科技有限公司
版　　次	2025年4月第1版
印　　次	2025年4月第1次印刷
定　　价	48.00元

ISBN 978-7-5727-1754-3

邮　　购：成都市锦江区三色路238号新华之星A座25层　邮政编码：610023
电　　话：028-86361770

■ 版权所有·翻印必究 ■

FM 101.7

平时服务 | 战时应急

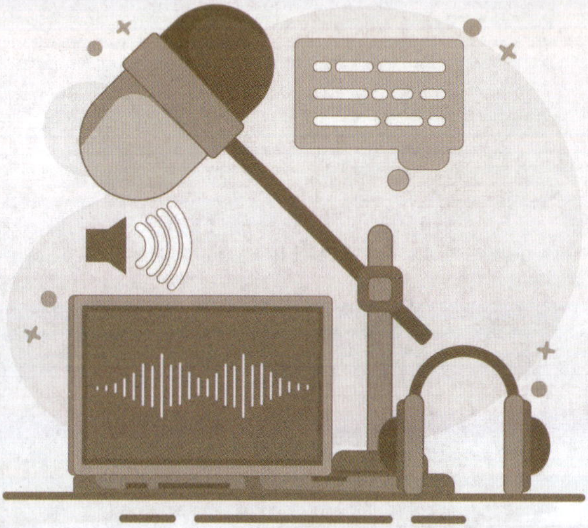

前言

党的二十大报告指出，要提高防灾减灾救灾和重大突发公共事件处置保障能力，加强国家区域应急力量建设。《"十四五"国家应急体系规划》明确指出，到2035年，建立与基本实现现代化相适应的中国特色大国应急体系，全面实现依法应急、科学应急、智慧应急，形成共建共治共享的应急管理新格局。应急广播体系是国家应急管理体系和国家基本公共服务的重要组成部分，当前从中央到地方正大力推进应急广播体系建设高质量发展，着力提升应急广播公共文化服务水平。

随着新技术日新月异地发展，信息传播方式呈现多元化趋势，除广播电视外，移动互联网已成为大众获取信息的重要手段。从信息采集的快捷性、信息传播的可靠性、接收终端的普及性等方面综合考虑，尤其是在电力中断、通信瘫痪、道路堵塞时，利用电波发射和接收的广播就成为灾区特别重要、特别可靠的联络工具，其拥有"生命电波"的称谓。实践证明，应急广播能有效提高政府部门保障公共安全和处置突发公共事件的能力，确保公共信息能够在第一时间实现上传下达，最大限度预防和减少突发公共安全事件及其造成的损害，维护国家安全和社会稳定。

2023年11月，经国家广播电视总局批复同意，四川广播电视台以"四川交通广播FM101.7"为基础新增"四川应急广播"呼号。2024年1月1日，四川应急广播FM101.7的呼号穿越天府长空，标志着

PREFACE

四川省正式拥有省级应急广播频率。四川应急广播得到四川省委、省政府的高度重视，四川省财政厅给予四川应急广播大力扶持。在四川广播电视台党委的坚强领导下，四川应急广播全力以赴、不辱使命，奋力提升应急广播生产能力。四川应急广播先后组建应急广播先锋队，成立应急广播专家库，开展一系列"应急安全进基层"活动，策划推出《应急在身边》《应急在线》《应急安全公益广告》等群众喜闻乐见的专题节目，产生了较好的社会反响。

其中《应急在身边》专题节目先后邀请了50多位应急安全专家做客直播间，开展应急安全科普访谈，内容涵盖防灾减灾、消防安全、交通安全、生产安全、生命急救等多个领域。

这本《全场景应急安全知识》就是以《应急在身边》节目内容为基础，筛选了与群众生活紧密相关的诸多安全问题，通过一问一答的形式将专业的应急知识变得通俗易懂，方便群众快速掌握应急安全关键要点，帮助公众提升应急安全意识和能力。

希望这本《全场景应急安全知识》能够陪伴您左右，让我们一起携手，为生命筑起一道坚固的防线，共同守护我们的家园。

四川应急广播《应急在身边》节目组

2025年4月

目 录

第一章 地质灾害应急防范

第一节　地震灾害应急防范……………………………………002
第二节　滑坡、泥石流灾害应急防范……………………………012

第二章 气象灾害应急防范

第一节　气象灾害预警信号与气象灾害预警…………………018
第二节　强对流天气应急防范……………………………………022
第三节　高温天气应急防范………………………………………028
第四节　寒潮天气应急防范………………………………………033

第三章 消防安全

第一节　电动自行车消防安全……………………………………038
第二节　燃气安全…………………………………………………046

第三节　森林火灾应急防范……………………………………051

第四节　冬季火灾应急防范……………………………………057

第四章 交通安全

第一节　日常驾驶安全…………………………………………062

第二节　高速公路驾驶安全……………………………………071

第三节　铁路出行安全…………………………………………077

第四节　乘坐公共交通工具出行安全…………………………079

第五章 生产安全

第一节　有限空间作业风险防范………………………………084

第二节　夏季安全作业风险防范………………………………093

第六章 家庭安全（老年人、儿童、女性）

第一节　老年人应急安全………………………………………098

第二节	儿童应急安全	103
第三节	女性应急安全	111
第四节	家庭饮食应急安全	115

第七章 校园安全

校园安全应急防范 ………………………………………… 122

第八章 运动安全

| 第一节 | 日常运动安全与应急处置 | 130 |
| 第二节 | 户外运动安全与应急处置 | 134 |

第九章 网络安全

| 第一节 | 网络谣言的识别与防范 | 142 |
| 第二节 | 精准诈骗应急处置 | 148 |

后 记 ……………………………………………………… 152

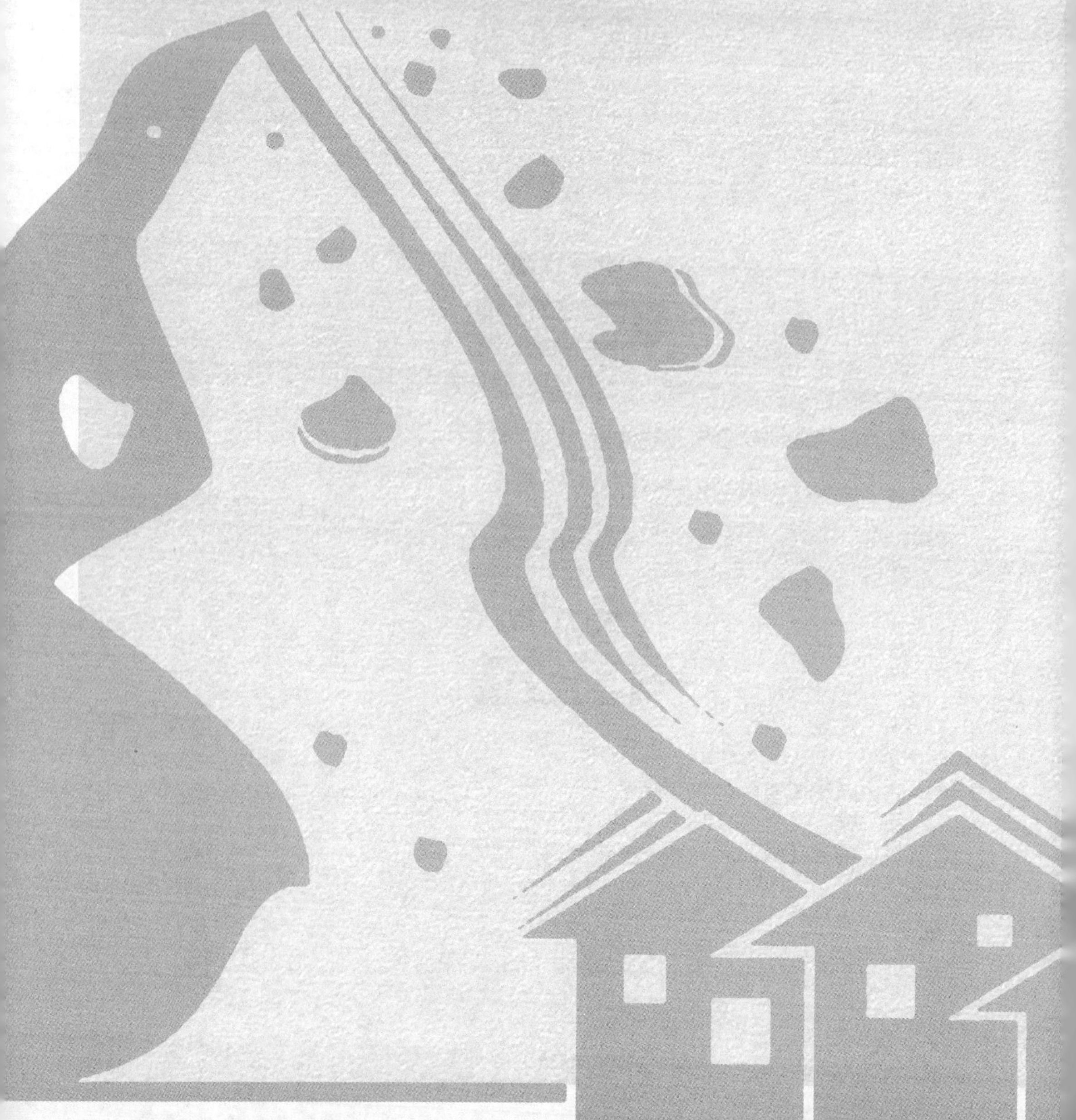

第一章

CHAPTER 1

地质灾害应急防范

第一节 地震灾害应急防范

问 什么是地震？

答 地震是指地球内部运动引起的地表震动。地震包括天然地震、诱发地震、人工地震。我们一般提到的地震是天然地震中的构造地震，即地球板块运动及相互挤压碰撞产生板块边界及板块内部错位和破裂引起的地面震动。地震开始发生的地点称为震源，震源正上方的地面称为震中。破坏性地震的地面震动最剧烈处称为极震区，极震区往往也就是震中所在的地区。地震极易造成人员伤亡，同时也会引起火灾、水灾、毒气泄漏、细菌及放射性污染，还可能造成海啸、山体崩塌、滑坡、地裂缝等次生灾害。

第一章 | 地质灾害应急防范

问 地震发生前会有什么征兆？

答 虽然我们无法精准预测地震何时发生，但地震来临前往往会有一些征兆，如果能够及时发现并采取措施，可以有效减少地震造成的损失。这些征兆包括地下水异常、动物行为异常、地光闪烁、地声轰鸣、地气变化、电磁场扰动、气象异常、地壳形变和人体感应等。

地震的征兆

问 地震发生时该跑还是该躲？

答 地震突发，过程短暂，只有掌握正确、科学的避震方法，才能尽可能将损失和伤害降至最低。比如大家非常关心的一个问题就是，发生地震了，到底该跑还是该躲呢？其实我们最应该先做的就是保持镇静，就地避震！震时就近躲避，震后迅速撤离到安全地方。

问 地震时正在家中应该如何正确处置?

答 1.**家住平房**。首先要尽量保护头部,如有可能,可以冲出房屋到空旷的地带。如果来不及,就在坚固家具下暂时躲避,地震过后,尽快转移到户外安全处。

2.**家住楼房**。首先要寻找室内较安全的避震地点,如坚固的桌下或床边;低矮、坚固的家具边;开间小、有支撑物的房间(卫生间、厨房、储藏室等)。从高楼撤离时应走安全通道,不要去乘电梯。如果震时在电梯里,立即按下所有电梯按钮,这样电梯一旦停稳应尽快离开;若打不开电梯,就要采取正确的防护姿势,将背部和头部紧贴电梯内壁,弯曲膝盖,抬起脚跟,以确保自身安全。

小贴士

震时要注意:迅速关闭电源、火源;千万不要滞留在床上;千万不能跳楼;不要到阳台上去;不要躲到外墙边。

第一章 | 地质灾害应急防范

问 地震时如果身处校园应该如何正确处置？

答 　　如果是正在教室上课，学生一定要在教师指挥下迅速躲在各自的课桌下，背向窗户，保护头部，决不可乱跑或跳楼。等地震结束后，师生有组织地迅速撤离教室，到安全的地方。

先躲在课桌下
而后有序撤离

问 地震时身处公共场所应该如何正确处置？

答 　　1.听从警察或现场工作人员的指挥。不要慌乱，听从警察或现场工作人员的指挥，有组织地从多路口快速疏散；要避免拥挤，要避开人流，避免踩踏或挤到墙壁、栅栏处。
　　2.在商店、书店、展览馆等处。选择结实的柜台边、商品（如低矮家具等）边或柱子边、内墙角等处就地蹲下，用手或其他东西护住头部；避开玻璃门窗、玻璃橱窗或玻璃柜台；避开高大不稳或摆放重物、易碎品的货架；避开广告牌、吊灯等悬挂物。

3.在影剧院、体育馆等处。 就地蹲下或趴在排椅下；注意避开吊灯、电扇等悬挂物；用手或其他东西护住头部；听从工作人员指挥，震后有组织地撤离。

问 地震时身处户外空间应该如何正确处置？

答

1.就近选择开阔地避震。 到达开阔地后，应蹲下或趴下，以免摔倒；不要乱跑，避开人多的地方；不要随便返回室内。

2.避开高大建筑物或构筑物。 特别是有玻璃幕墙的建筑物、过街桥、立交桥、高烟囱、水塔等。

3.避开危险物、高耸物或悬挂物。 如变压器、电线杆、路灯、广告牌、吊车等。

4.避开其他危险场所。 如狭窄的街道、危旧房屋、围墙、女儿墙、砖瓦及木料等物的堆放处等。

第一章 | 地质灾害应急防范

避开危险物、高耸物或悬挂物

避开其他危险场所

问 地震时身处野外应该如何正确处置？

答　1.**要避开山边的危险环境**。避开陡峭的山坡、山崖，以防山崩、地裂、滚石、滑坡、泥石流等。

　　2.**遇到山崩、滑坡**。遇到山崩、滑坡，要向垂直于滚石可能运动的方向跑，切忌顺着滚石方向往山下跑；如果无法迅速逃离，也可躲在结实的障碍物下，但要特别注意保护好头部，防止被滚石击伤。

　　3.**遇到泥石流**。遇到泥石流，要迅速向泥石流沟两侧跑，不要顺沟向上或向下跑。如果无法迅速逃离，要尽量寻找高处避险，避免被泥石流掩埋。

避开山边的危险环境
躲避山崩、滑坡
躲避泥石流

问 地震发生后，应该如何正确自救？

答

1.**避开危险物，捂住口鼻**。地震发生后，如果被埋压在废墟下，要树立生存信心，沉着冷静，注意用浸湿的毛巾、衣服等捂住口鼻或头部，避免灰尘呛闷发生窒息，尽量消除压在身上的各种物体，用周围可搬动的物品支撑身体上面的重物，扩大活动空间。注意：搬不动时千万不要勉强，防止周围杂物进一步倒塌。

2.**巩固空间**。尽可能用身边的砖石、木棍或其他坚硬物品等进行支撑，以防余震时进一步塌落。

3.**谨慎使用设施**。不要随便使用室内设施，包括电源、水源等，也不要使用明火。

4.**合理呼救**。不要盲目大声呼救，保持体力，当听到外面有人时再呼叫或用敲击声等办法求救。

> 避开危险物
> 捂住口鼻
> 巩固扩大空间
> 谨慎使用设施
> 合理呼救

问 地震发生后，应该如何正确互救？

答

一定要记住救人原则：

1.**先多后少**。先救医院、学校等人员集中的地方，尽量减少死亡。

第一章 | 地质灾害应急防范

2.**先易后难**。先救容易获救的人员，后救难救的。

3.**先近后远**。先救近处的被埋压人员，后救远处的，以提高救人效率。

4.**先轻伤后重伤**。先救轻伤人员，后救重伤人员。

5.**先救生存者，后挖遇难者**。尽可能地先救青壮年和医务工作者，因为他们获救后，可迅速加入救援队伍，增强救援队伍力量。

> 先多后少
> 先近后远
> 先易后难
> 先轻伤后重伤
> 先救生存者
> 后挖遇难者

问 地震发生后正确的施救方法是什么？

答

1.**保持呼吸顺畅**。尽快使封闭空间与外界连通，以便新鲜空气注入。灰尘过大时，可喷水降尘，以免被救者和救人者窒息，使被救者先暴露头部，并迅速清除其口鼻内的灰土，保持呼吸畅通，再暴露胸腹部，如有窒息，应立即进行人工呼吸。

2.**防止二次倒塌**。挖掘被埋压人员时应保护支撑物，清除阻挡物以防止进一步倒塌伤人。

3.**及时提供必需品**。及时为被埋压人员提供饮水、食品或药物等，以增强其生命力，确保幸存者安全。

4. **防止二次伤害**。被埋压人员不能自行爬出时，不要生拉硬扯，以防其进一步受伤。

5. **保护脊椎安全**。对于脊椎损伤者，搬动时，应用门板或硬担架。

6. **避免强光刺激**。对于被埋压时间较长的人员，注意避免其眼睛受强光刺激。当发现一时无法救出幸存者时，应立即标记，等待专业队伍救援。

7. **科学施救受伤人员**。对于被埋压程度浅、伤势不重的人员，可先将其头、胸露出，使之可以正常呼吸后，马上去扒救周围其他被埋压人员。重伤人员一定要在专业队伍和医疗人员指导下救助。

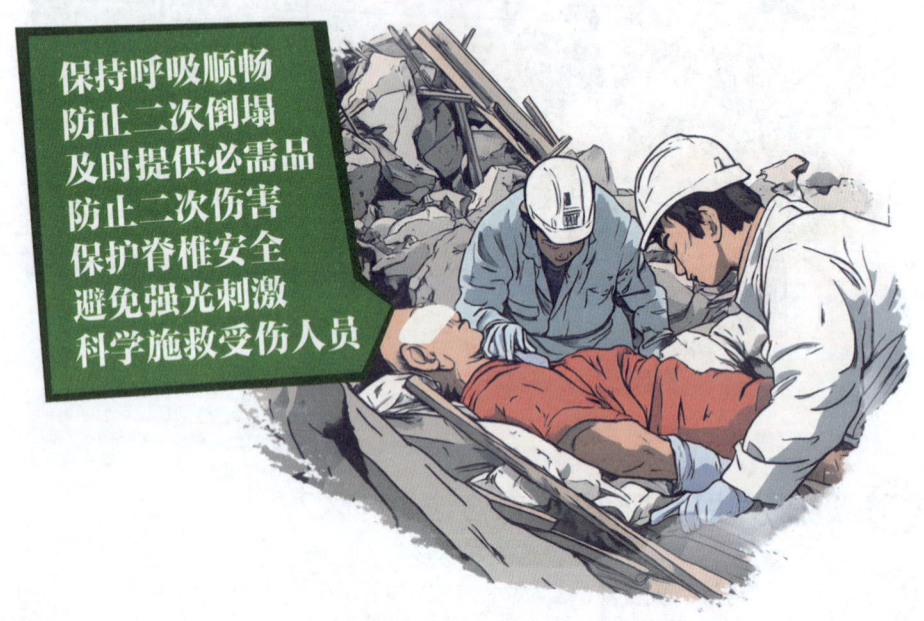

> 保持呼吸顺畅
> 防止二次倒塌
> 及时提供必需品
> 防止二次伤害
> 保护脊椎安全
> 避免强光刺激
> 科学施救受伤人员

问 地震发生后，应该警惕哪些城市次生灾害？

答

1. **不乘坐电梯**。地震易引发电梯停电或损坏，造成人员被困或受伤。

2. **不靠近炉灶、燃气管道和家用电器**。地震易造成燃气泄漏，引发火灾和爆炸；强烈震动易致家用电器损坏漏电。

3. **不待在吊灯、电扇等悬挂物下面**。地震时悬挂物易被破坏，导致坠落伤人。

4.**不躲到大衣柜或者其他未固定的柜子附近**。地震时未经固定的大衣柜等家具易倾倒伤人。

5.**不靠近窗户、玻璃幕墙及建筑外墙**。地震时，人若在室内靠近窗户的地方，容易被甩出窗外；若在室外，易被震碎坠落的玻璃幕墙或倒塌的外墙砸伤。

6.**不靠近树木、电线杆**。地震易破坏电力设施，电线落到人身上或搭在树上，会造成电击伤人。

7.**不靠近悬崖峭壁**。地震易引发山体崩塌和滑坡等危险情况，极易造成人员伤亡。

8.**不停留在桥上或在桥下躲避**。大地震往往会造成桥梁倒塌。

9.**不贸然逃往街道、公路**。地震时交通易混乱，人员惊慌外逃易发生踩踏等意外事故。

10.**不继续驾驶车辆**。当我们驾车行驶时，突然遇到地震，应立即减速并靠边停车，打开危险报警闪光灯（俗称双闪灯），迅速从车内离开，等地震过后再上路行驶。

第二节 滑坡、泥石流灾害应急防范

问 什么是滑坡？

答 滑坡俗称"地滑""走山"，是山体斜坡上的岩体或土体因自然因素或人为活动因素影响失稳，在重力作用下沿着一定的软弱结构面或结构带，整体或部分地顺坡向下滑的自然现象。引发因素主要有地震、降雨、河流对山脚的冲刷和人类开挖山脚、爆破、开矿等活动。

问 滑坡前会有征兆吗？

答 在滑坡体前缘坡脚处，突然出现干涸泉水复活，或泉水突然干枯、浑浊，井水水位突变等异常现象是滑坡的重要前兆。土体或岩体出现横向及纵向放射状规律排列的裂缝，说明滑坡体向前推挤并受到阻碍，已进入临滑状态。在滑坡体前缘坡脚处，土体或岩体突然出现上隆现象，这是滑坡体明显向前推挤的现象。建在山坡上的房屋的地板、墙壁出现裂缝，墙体歪斜，滑坡体四周土体或岩体出现轻度崩塌和松弛现象。滑坡体水平位移量或垂直位移量均出现加速变化的趋势，这是临滑的明显迹象。滑坡体后缘的裂缝急剧扩展，并从裂缝中冒出热气或冷风。

问 步行遇到滑坡时，应该如何正确应对？

答 如果步行遇到滑坡时来不及转移，应尽快向滑坡体前进方向的两侧稳定地区撤离。向滑坡体上方或下方跑都是危险的。当处于滑坡体中部无法撤离时，尽快找一块坡度较缓的开阔地停留，但一定不要和房屋、围墙、电线杆等靠得太近。当无法继续撤离时，应迅速抱住身边的树木或其他固定物体，或躲避在结实的障碍物下，注意保护好头部，伏地、遮挡、抓牢。处在滑坡体上时，应保持冷静，不能慌乱，以免浪费时间，做出错误的决定。不要在滑坡危险期未过就返回发生滑坡的地带，以免再次发生滑坡时遭遇危险。当确定自己处于安全地带后，要尽快向相关部门报告灾情。

向滑坡体前进方向的两侧稳定区域撤离

无法继续撤离时就近躲避在结实的障碍物下

问 什么是泥石流？

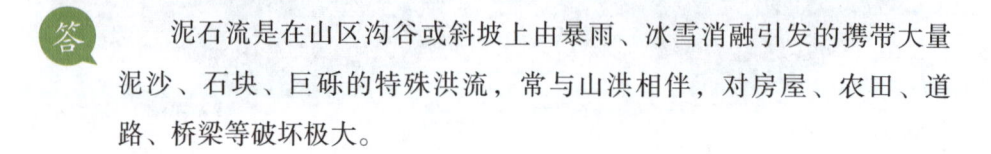

答 泥石流是在山区沟谷或斜坡上由暴雨、冰雪消融引发的携带大量泥沙、石块、巨砾的特殊洪流，常与山洪相伴，对房屋、农田、道路、桥梁等破坏极大。

问 泥石流发生前也会有征兆吗？

答 1.河水异常。如果河床、河沟中正常流水突然断流或洪水突然增大，并夹有较多的柴草树木时，说明河床、河沟上游已形成泥石流。

2.异常声响。如果在山上听到沙沙声音，但是却找不到声音的来源，这可能是沙石的松动、流动发出的声音，是泥石流即将发生的征兆。如果山沟或深谷发出火车轰鸣声或闷雷声，说明泥石流正在形成，必须迅速离开危险地段。

3.**山体异常**。山体出现很多白色水流，山坡变形、鼓包、裂缝，甚至坡上物体出现倾斜。

4.**其他异常**。干旱很久的土地开始积水，道路出现龟裂，公共电话亭、树木、篱笆等突然倾斜，雨下个不停，或是雨刚停下来溪水水位却急速下降等。

问 泥石流发生时的应急要点是什么？

答 切记，应立即丢弃一切影响奔跑速度的物品，尽快逃生。

要迅速向垂直泥石流卷来方向的两侧（横向）跑。如果泥石流由北向南卷来，就要向东、西方向跑。如果身处沟底，千万不要顺沟方向往上游或下游跑，更不要在凹坡处停留。不要攀爬到树上躲避，也不要停留在陡坡土层较厚的低凹处，或躲在有滚石和大量堆积物的陡峭山坡下。

第二章

CHAPTER 2

气象灾害应急防范

第一节 气象灾害预警信号与气象灾害预警

问 如何识别气象灾害预警信号？

答 目前，我国主要有14种气象灾害预警信号，如暴雨、沙尘暴、台风、寒潮、高温等，但这些信号并不是一开始就全部在列。

1954年，气象灾害预警首次出现在公众视野，但那时的预报预警主要靠经验，传播手段也有限，普及程度不高。20世纪末，随着科技水平不断提升，预报准确率越来越高，预警也发挥出越来越显著的效益。

2007年，中国气象局制定并发布《中央气象台气象灾害警报发布办法（试行）》，适用于8类气象灾害预警；2010年，气象灾害预警增至13类；2013年，新增了强对流预警发布办法，至此气象灾害预警增至14类。2018年，在大雾气象灾害预警中新增了海雾预警发布办法。

四川省人民政府于2023年发布了最新修订后的《四川省气象灾害预警信号发布与传播规定》，此次修订新增了雷暴大风预警信号，并取消了森林（草原）火险天气预警信号，将寒潮预警信号变更为强降温信号。

气象灾害预警信号由名称、图标、标准和防御指南组成，以下为四川省气象灾害预警信号图标。

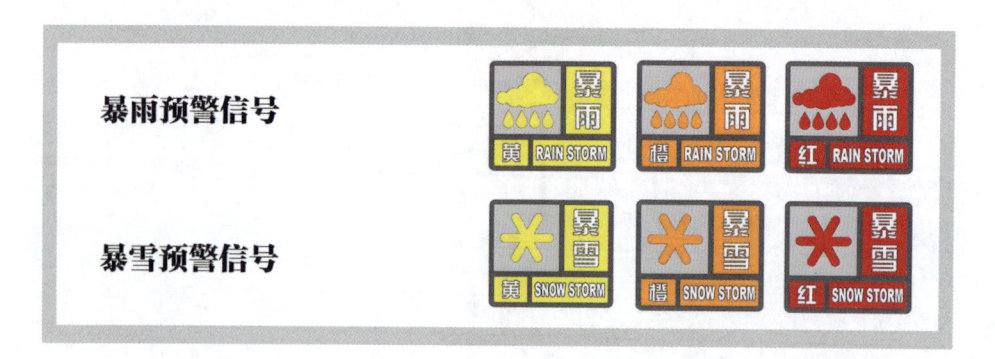

| 暴雨预警信号 | 黄 | 橙 | 红 |
| 暴雪预警信号 | 黄 | 橙 | 红 |

第二章 | 气象灾害应急防范

强降温预警信号	蓝 COLD WAVE	黄 COLD WAVE	橙 COLD WAVE	红 COLD WAVE
大风预警信号	蓝 GALE	黄 GALE	橙 GALE	红 GALE

沙尘暴预警信号	黄 SAND STORM	橙 SAND STORM	红 SAND STORM
高温预警信号		橙 HEAT WAVE	红 HEAT WAVE

干旱预警信号		橙 DROUGHT	红 DROUGHT
雷电预警信号	黄 LIGHTNING	橙 LIGHTNING	红 LIGHTNING

雷暴大风预警信号	黄 THUNDER GUST	橙 THUNDER GUST	红 THUNDER GUST
冰雹预警信号		橙 HAIL	红 HAIL

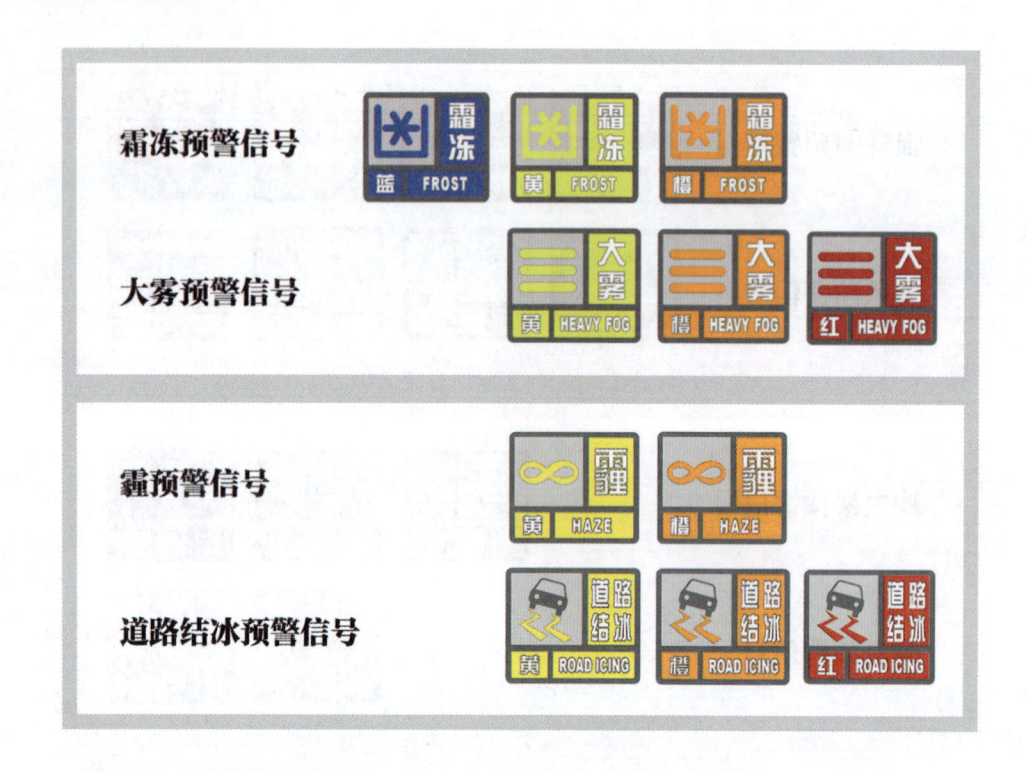

霜冻预警信号	蓝 FROST	黄 FROST	橙 FROST	
大雾预警信号		黄 HEAVY FOG	橙 HEAVY FOG	红 HEAVY FOG

霾预警信号		黄 HAZE	橙 HAZE	
道路结冰预警信号		黄 ROAD ICING	橙 ROAD ICING	红 ROAD ICING

问 如何迅速准确获取权威的气象预警信息？

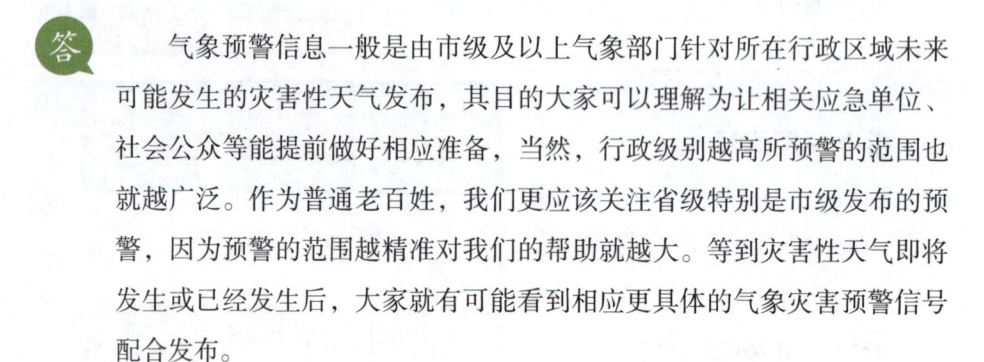

答 　　气象预警信息一般是由市级及以上气象部门针对所在行政区域未来可能发生的灾害性天气发布，其目的大家可以理解为让相关应急单位、社会公众等能提前做好相应准备，当然，行政级别越高所预警的范围也就越广泛。作为普通老百姓，我们更应该关注省级特别是市级发布的预警，因为预警的范围越精准对我们的帮助就越大。等到灾害性天气即将发生或已经发生后，大家就有可能看到相应更具体的气象灾害预警信号配合发布。

问 气象灾害预警信号和气象灾害预警有什么区别？

答 　　**1.发布主体**。气象灾害预警信号主要由市、县两级气象部门发布，而气象灾害预警一般由市级及以上级别的气象部门发布。

2.内容。气象灾害预警信号通常针对单一气象灾害类型，提供具体的强度、影响区域和时间，以及防御措施；而气象灾害预警可能涵盖多种气象灾害的综合信息。

3.时效。气象灾害预警信号通常提前12~24小时发布，但面对突发性天气，发布时效可能会缩短；气象灾害预警则可能在灾害发生前较长时间或灾害已经发生时发布。

通过理解这些区别，公众可以更好地利用气象灾害预警信号和预警，采取相应的防范措施，减少灾害带来的损失。

第二节 强对流天气应急防范

问 什么是强对流天气？

答 2024年上半年，我国强对流天气呈现多发、频发的势态，尤其是3—4月，江南、华南一带出现了雷电、大风、短时强降水、冰雹，甚至是龙卷风这样的强对流天气，从新闻事件中，我们也可以看出，强对流天气破坏性极强，可以说其是天气界拥有一手"王牌"的全能型选手。强对流天气就是由空气上下垂直运动产生的天气集合体。空气产生强烈的垂直对流形成了积雨云。在一大坨积雨云里，冷暖空气不停上下翻滚，碰撞出火花，肯定不仅仅产生一种天气，所以就有雷电、冰雹、大风、短时强降水、龙卷风等天气现象。

第二章 | 气象灾害应急防范

问 强对流天气主要发生在什么季节？

答 强对流天气主要发生在春夏两季。

问 如何提前预知强对流天气的发生？

答 因为强对流天气具有突发性高、历时短；范围小、局地性强；天气剧烈、破坏力大、极易致灾；预报难度大、预警提前量小等特点，所以作为公众应该密切关注由所在省（区、市）一级的气象部门官方渠道发布的短时临近的天气预报和气象灾害预警信号，做到提前预防。

问 遇到强对流天气应该如何正确防范？

答
室内防范

1.**关闭门窗**。及时关闭并锁紧门窗，特别是窗户要关严，防止风雨侵入室内。

2.**切断电源**。在强对流天气来临前，及时切断不必要的电源，特别是室外的电源插座和电器设备，以防雷击和触电。

3.**避免使用电子设备**。在雷电交加的情况下，避免使用有线网络设备和固定电话，防止雷电通过线路传播。

4.**远离窗户和易碎的家具物品**。在室内躲避时，尽量远离窗户和易碎的家具物品，以防冰雹或强风导致玻璃破碎伤人。

避免使用电子设备　　远离窗户和易碎的家具物品

室外防范

在室外预防强对流天气，可按以下不同类型天气采取相应措施。

▶ **雷电天气**

1.**避免户外活动**。尽量减少或暂停一切户外活动，尽快找到安全场所避险。

2.**远离危险物**。切勿接触天线、水管、铁丝网、金属门窗、建筑物外墙，更应远离电线等带电设备或其他类似金属装置。

3.**选择合适的避雷场所**。不要停留在高楼平台上，在户外空旷处不宜进入孤立的棚屋、岗亭等。若找不到合适的避雷场所，应尽量蹲下并低头、双脚并拢和双手抱膝，千万不要用手撑地。

▶ **大风天气**

1.**减少外出**。尽量不要外出，若必须外出，应尽量远离大树、广告牌、高压线、棚架和围墙等。

2.**检查和妥善安置室外物品**。检查并妥善安置易受大风影响的室外物品，如阳台、窗台上的花盆、衣物等应提前收回，防止被大风吹落。

3.注意交通安全。如果正在公路、天桥上开车，应该减速慢行，条件允许的话应就近将车驶入地下停车场或隐蔽处。

▶ 冰雹天气

1.迅速寻找掩护。如果在室外，应立即寻找坚固的建筑物或其他掩体躲避，避免被冰雹击中。

2.保护头部。如果没有及时找到躲避处，应尽量用包或其他物品保护头部，减少受伤风险。

▶ 短时强降水天气

1.避免涉水。避免在积水中行走，以防跌入缺失井盖的深井等危险区域。

2.注意洪水风险。在山区或易发生洪水的地区，要注意洪水风险，及时撤离到高地。

▶ 龙卷风天气

1.迅速躲避。如果在室外，应立即进入最近的建筑物内躲避，地下室或小房间是最佳选择。

2.保护自身。如果没有时间进入建筑物，应平躺在低洼处，用手臂保护头部，避免被飞散的物体击中。

▎行车防范

在强对流天气下行车，需要特别注意安全，以下是一些防范措施。

▶ 雷电天气

1.避免在危险区域停车。雷电天气时，不要将车辆停靠在大树、露天大型广告牌和电线杆等容易被雷击的地方，应选择在正规大型的停车场停车。

2.关闭电器设备。雷电天气行车时，建议关闭手机、车载蓝牙、收音机等电器设备，以免引来感应雷。

3.开启警示灯。在雷电天气，能见度低且视线不佳时，应及时开启雾灯、示廓灯或双闪灯，以引起后方车辆的注意，防止发生追尾事故。

4.避免接触车内金属物。在闪电时，不要触碰车内的金属物体，以防雷电通过车体传导造成伤害。

▶ 大风天气

1.降低车速。在大风天气行车应降低车速，握紧方向盘，防止车辆被侧风影响而偏离车道。

2.加大跟车距离。行车时，适当加大与前车的距离，以便有足够的时间和空间应对突发情况。

3.避开危险区域。尽量避免在高大建筑物、广告牌、大树等附近停车或行车，以防被掉落的物体砸中。

▶ 冰雹天气

1.寻找遮蔽物。如果遇到冰雹天气，应立即寻找坚固的建筑物或其他遮蔽物躲避，避免车辆和人员被冰雹击中。

2.保护车辆。如果无法及时找到遮蔽物，可以使用车上的物品（如衣物、毛毯等）覆盖在车辆的挡风玻璃和车窗上，减少冰雹对车辆的损坏。

▶ **短时强降水天气**

1.保持良好视野。及时打开雨刷器，清理雨滴；天气昏暗时，开启近光灯和雾灯、示廓灯或危险报警闪光灯；如玻璃上有雾气，应及时开启空调除雾。

2.防止轮胎侧滑。雨天路面湿滑，转弯时应避免急刹车，最好直线减速后再进入弯道。

3.减速慢行。无论道路状况如何，雨中开车都要减速慢行，保持与前车的安全距离，提前做好采取应急措施的准备。

4.正确使用灯光。雨天行车应开启前照灯、示廓灯和后位灯，但不要使用远光灯，以免造成反射影响视线。

5.谨慎涉水。通过积水路段时，应先观察水深，确认安全后再慢行通过，避免车辆熄火；如果发动机进水熄火，不要尝试再次启动车辆。

▶ **龙卷风天气**

1.立即躲避。如果在行车过程中遇到龙卷风，应立即寻找最近的建筑物或地下室躲避。

2.保护自身。如果没有时间进入建筑物，应离开车辆，平躺在低洼处，用手臂保护头部，避免被飞散的物体击中。

其他注意事项

1.关注预警信息。及时通过各种渠道关注天气预报和预警信息，提前做好防范准备。

2.减少不必要的外出。在强对流天气来临时，尽量减少不必要的外出，确保自身安全。

3.检查车辆状况。在强对流天气来临前，对车辆进行全面检查，确保车辆的各项系统（如制动、轮胎、雨刮、灯光等）处于良好状态。

第三节 高温天气应急防范

问：高温天气有哪些类型？

答： 我国气象学上，一般把日最高气温大于35℃的天气称为高温天气。高温天气通常有干热型和闷热型两种类型。

气温很高、太阳辐射强、空气相对湿度小的高温天气，被称为干热型高温，这种高温天气在北方比较常见，像新疆维吾尔自治区（简称新疆）的吐鲁番就是典型的干热型高温天气。

闷热型高温，则是指夏季水汽丰富、空气相对湿度大，加上日最高气温高、日最低气温高、昼夜温差小，人们的感觉是闷热，就像在蒸笼中，体感类似"蒸桑拿"。

四川盆地的高温天气类型大多数情况下就是受副热带高压控制下的闷热型高温天气。

干热型高温天气　　　闷热型高温天气

第二章 | 气象灾害应急防范

问 高温预警信号有哪些？

答 按照四川省人民政府发布的最新《四川省气象灾害预警信号发布与传播规定》，高温预警信号只有两种，一种是橙色预警信号，一种是红色预警信号。

问 什么是高温热浪灾害？

答 高温热浪又叫高温酷暑，是一个气象学术语，通常指持续多天（3天以上）的日最高气温在35℃以上的高温天气过程。高温热浪的标准主要依据高温对人体产生影响或危害的程度而制定。

问 高温热浪的危害有哪些？

答 高温热浪对人们日常生活和健康以及各行各业都有很大影响。

1. **对农业方面的影响。**比如高温加剧了土壤水分蒸发和作物蒸腾作用，高温少雨同时出现时，造成土壤失墒严重，加速旱情的发展，易引起另外一个气象灾害——干旱的发生。干旱严重了还会导致粮食危机、饮水危机等。盛夏季节，南方持续的高温热浪可能会影响稻谷作物、经济林果作物的产量。

2. **能源供给会受一定影响。**四川是水力发电的大省，如果长期高温晴热不下雨，水库缺水就可能引起供电紧张甚至不足，恰恰高温时段又是用电高峰期，高温时段用电量大也更容易引发火灾。

3.人体会因高温天气感到不适，工作效率降低，中暑的人数会增多。 在以闷热高温为主的南方地区，大家可能会忽略因高温高湿引起的中暑，以为只要不晒太阳就不会中暑，但是过高的相对湿度以及低风速的天气条件下，使得人体的体感温度很快升高，而且比实际气温会高得多，比如实际气温33℃左右，如果相对湿度能达到80%的话，那体感温度就可能达到40℃，如果人体没有得到有效的散热降温，严重的话可能引发热射病，甚至可能引发身体器官损坏进而威胁生命安全，所以别把中暑不当回事。

提防中暑

4.城市里高温热浪期间的气象条件有利于局地强对流天气的形成。
因为受副热带高压控制，当地天气呈高温，气体受膨胀会上升，但也是由于副热带高压这个"大玻璃罩子"的压迫，大多数气团无法上升太高，达不到凝结成云雨的条件，只有极少数的气团借着地形抬升或城市热岛效应的助力冲破副热带高压的压迫形成积雨云。其实所谓的"漫画云"就是刚才说的这个原理所形成的积雨云。有些云顶非常高，远远看着的确非常美，但实际上云层内部暗流涌动，一不小心就会发生局地强对流天气。在卫星云图上看那些对流云团的生成很像开水烧开冒泡泡的样子，午后到傍晚这些被气团冲破形成积雨云的地区就有可能出现像雷暴大风、冰雹、短时强降水等强对流天气，副热带高压势力范围的雷雨天气往往都是局部、短暂的，但这种天气的破坏性很强。大家除了关注高温预警信号的发布，还要多多留意官方发布的雷暴大风、冰雹等预警信号，做好防范。好在以高温为主的背景下，强对流天气一般来得快也去得快，大家遇到了只要及时转移到室内躲避就好。

问 应该如何科学应对高温天气？

答 　　无论是气象灾害预警还是气象灾害预警信号都有相应的防御指南。在它们各自的防御指南中，高温橙色预警信号的高温时段为13：00到18：00；高温红色预警信号的高温时段为11：00到19：00，在这些时间段内肯定是非必要不外出的，室内也需要做好相应的降温措施。

问 高温天气能通过"人工降雨"来降温吗？

答 　　在气象学中，是没有"人工降雨"这一说法的，所有的降雨是需要一定的气象条件的，而我们人类只能在具备降雨的气象条件之上对本身就已经存在的雨云，进行催化剂的播撒来达到增雨的目的，所以人工增雨才是准确和严谨的说法。

　　但是，目前人工增雨的目的大多是抗旱增雨、消雹减灾、降低森林火险等级等。在冬季空气质量不太好的时候，也可以在有条件的前提下进行人工增雨来一定程度上改善空气质量。

　　单纯靠人工增雨来降温，是不切实际的。

第四节 寒潮天气应急防范

问 寒潮预警信号有哪些？

答 寒潮预警信号分为三级，分别以蓝色、黄色、橙色表现。在我国部分省市还增加了红色预警信号。

蓝色预警信号

标准：48小时内最低气温将要下降8℃以上，最低气温小于等于4℃，陆地平均风力5级以上；或者已经下降8℃以上，最低气温小于等于4℃，平均风力5级以上，并可能持续。

黄色预警信号

标准：24小时内最低气温将要下降10℃以上，最低气温小于等于4℃，陆地平均风力6级以上；或者已经下降10℃以上，最低气温小于等于4℃，平均风力6级以上，并可能持续。

橙色预警信号

标准：24小时内最低气温将要下降12℃以上，最低气温小于等于0℃，陆

地平均风力6级以上；或者已经下降12℃以上，最低气温小于等于0℃，平均风力6级以上，并可能持续。

红色预警信号（部分省市使用）

标准：24小时内最低气温将要下降16℃以上，最低气温小于等于0℃，陆地平均风力6级以上；或者已经下降16℃以上，最低气温小于等于0℃，平均风力6级以上，并可能持续。

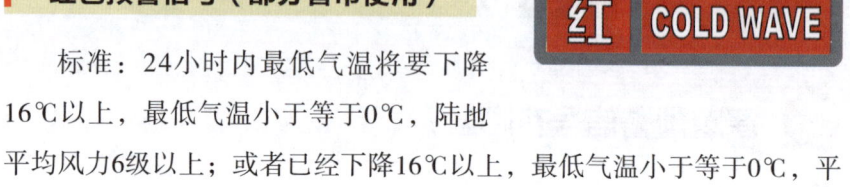

问 寒潮天气容易造成哪些灾害？

答 寒潮是一种大型天气过程，会造成沿途大范围的剧烈降温、大风和雨雪天气，由此容易引发多种灾害。

寒潮大风灾害

寒潮大风是由寒潮引起的大风天气，主要是偏北大风，风力通常为5或6级，当冷空气强盛或地面低压强烈发展时，风力可达7或8级，瞬时风力会更大。寒潮大风对沿海地区威胁很大，对农业生产、渔业生产、航运和军事活动等会造成很大影响，严重的可酿成灾害，给国民经济带来巨大的损失。

寒潮降温灾害

寒潮天气的一个明显特点是剧烈降温，低温能使农作物发生冻害、河港封冻、交通中断，会给工农业生产带来严重的经济损失。

寒潮雨雪灾害

寒潮天气过程往往伴随着雨雪，由寒潮引发的雪灾、雨凇等灾害对农业、交通、电力、航海以及人们的健康都有很大的影响。

问 如何科学应对寒潮及冰雪凝冻天气？

答

保暖措施

1.当气温骤降时，及时添衣保暖，特别是注意手、脸等部位的保暖。

2.穿戴防寒衣物，如羽绒服、羊毛衫、保暖内衣等，并注意头部、胸腹部、足部等的防寒保暖。

3.外出时佩戴帽子、围巾、手套和口罩，以减少体温散失。

安全出行

1.雨雪天气尽量减少外出，如需外出，应注意交通安全，放慢走路速度，避免滑倒跌伤。

2.选择在不湿滑、无结冰、平坦、光线好的路面行走，避开坑洼、井盖以及路面浮冰和积水。

3.步行时要双手保持平衡，尽量保持身体平衡。

4.驾车出行时，应低速行驶，与前车保持安全距离，避免急刹车和急转弯。

健康防护

1.注意饮食规律，多喝水，少喝含咖啡因或酒精的饮料。

2.适当运动，均衡饮食，注意营养，增强身体抵抗力。

3.避免过度劳累，保持良好的作息习惯。

4.患有慢性基础性疾病的人群要提前储备一定量的常用药并遵医嘱服用，尽量减少外出或在室外停留坐卧。

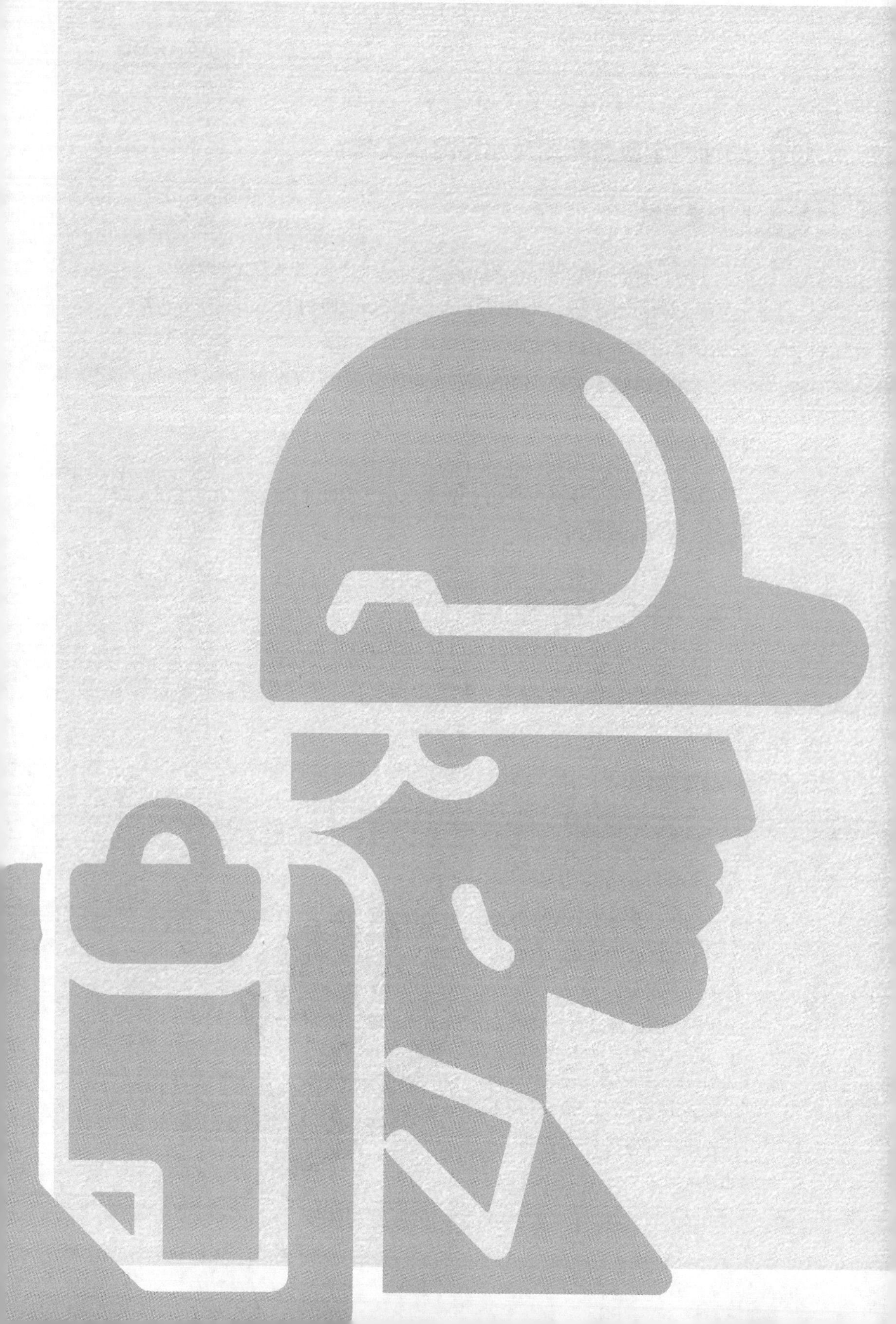

第三章

CHAPTER 3

消防安全

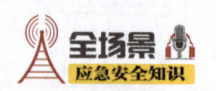

第一节 电动自行车消防安全

问：电动自行车电池火灾事故的原因是什么？

答： 电动自行车常用的电池有锂离子蓄电池和铅酸蓄电池两种，导致它们着火与爆炸的原因有所区别，分别如下。

锂离子蓄电池着火与爆炸的诱因

1.机械滥用。 碰撞、挤压或针刺等导致电池机械变形，甚至隔膜部分破裂引发内短路。

2.电滥用。 外短路、过充电、过放电、大电流充电或低温充电等导致电池发生短路。

3.热滥用。 加热、暴晒等导致电池温度过高，导致固体电解质界面膜和隔膜等发生破坏，引发正负极短路。

上述三类诱因的共同环节为内短路。实际上导致锂离子蓄电池着火与爆炸的诱因还有化学和材料滥用、设计和工艺缺陷等。

铅酸蓄电池着火与爆炸的诱因

1.过度充电。 当铅酸蓄电池充电超过90%时，会导致电池发热，加速水分解反应，从而析出大量氢气，易造成电池失水。若氢气累积至爆炸极限，遇引火源可能引发爆炸。

2.产品工艺质量问题。 若产品存在工艺质量问题，易导致铅酸蓄电池单体性能不一致、不平衡。这不但会缩短铅酸蓄电池寿命，而且在充、放电过程中产生的气体和温度变化也可能引起爆燃。

3.内部压力问题。充、放电时,铅酸蓄电池因发热导致内部压力增高。如果安全阀堵塞或故障,气体无法及时排出,内压和温度上升可能引起壳体变形、电池爆裂,形成物理爆炸。

4.火花问题。铅酸蓄电池外部或内部的火花都可能引发爆炸。例如,连接松动或接触不良的点位容易产生火花,尤其在设备启动或充电过程中。

5.热失控。电流和温度累积增强,导致铅酸蓄电池损坏。单节电池热失控会通过热传导、热辐射引发相邻电池热失控,最终可能导致电池壳体破裂、极柱密封不严、电解液漏出,造成短路,引发火灾。

以上因素均可能导致铅酸蓄电池在使用时着火与爆炸,因此在使用和充电过程中应采取适当的预防措施。

问 影响电动自行车消防安全的因素有哪些?

答 电动自行车起火的根本原因为电气故障,主要分为车身电气线路故障、蓄电池内部故障和充电器及其线路故障。

1.**车身电气线路故障**。无论电动自行车是否处于充电状态,车身上都存在大量带电线路。电动自行车带电状态下,电气线路间短路、线路与铁质车架间搭铁短路,以及接线端子处接触不良造成局部过热等电气故障,均可能引发火灾。

2.**蓄电池内部故障**。电动自行车蓄电池故障主要包括蓄电池内电池单体故障和蓄电池内线路故障两种形式。因机械滥用、电滥用和热滥用导致蓄电池内电池单体故障,会导致电池热失控,引发火灾。蓄电池内存在电池模组电压采样线路、电池连接线路、控制电路板等多种线路,这些线路若发生短路故障,易导致电池着火或爆炸。

3.**充电器及其线路故障**。充电器及其线路因为自身质量原因及使用不当可能直接引发火灾。同时充电器质量不合格或者发生故障,也可能导致充电器对锂离子蓄电池持续充电、大电压充电等情况发生,导致电池因过度充电出现热失控,从而引发火灾。

问 电动自行车火灾会带来怎样的危害？

答 电动自行车火灾非常容易导致人员伤亡。首先蓄电池短路，如线路老化、充电短路串电事故产生的火花的火焰温度可达130℃，30秒内火焰温度迅速升到310℃，室温立刻升到120℃，同时燃烧产生大量毒烟。其次，电动自行车塑料件燃烧时的火焰温度可达680℃，室温也会随之上升到220℃，持续10分钟左右，电动自行车被火焰完全包裹，室温达到660℃，此时室内人员吸入剧毒气体后，会发生昏迷、窒息。在平时的消防安全检查工作中，需要考虑到"烟囱效应"。"烟囱效应"是指在相对封闭的竖向空间内，由于气流对流而促使烟气和热气流向上流动的现象。发生火灾时，烟气可能通过楼梯间、管道井、玻璃幕墙缝隙等部位竖向蔓延，这些地方如果防火封堵做得不好，烟气在短时间里就很可能蔓延至整幢建筑物，威胁所有人员的安全。火灾导致的人员死亡80%是由浓烟造成的，很多人习惯性地将火灾与灼烧联系在一起，其实，浓烟致死的主要原因是一氧化碳中毒。一氧化碳在空气中的浓度达1.3%时，人类就会失去知觉，甚至死亡。火场中燃烧产生的高温烟气会损伤人体神经系统，容易使人失去意识，丧失行动能力；在灼伤皮肤的同时，也会灼伤鼻腔、咽喉等，从而导致窒息死亡。

问 如何杜绝电动自行车火灾隐患？

答 要杜绝电动自行车火灾隐患，需要形成源头管控、过程治理、结果处理的全过程治理方式，只有这样才能从根本上保障人民群众的生命财产安全。

1.生产环节。《电动自行车用锂离子蓄电池安全技术规范》（以下简称《技术规范》）是由国家市场监督管理总局于2024年4月发布的强制性国家标准。《技术规范》的发布，不仅保障了消费者的人身健康与生命财产安全，还促进了电动自行车行业的健康有序发展。

2.销售环节。改装的电动自行车容易造成线路负荷，引发火灾。加装电池、拆改限速都会改变原装电路。

预防电动自行车火灾必须关口前移，要在线上、线下加强管理。目前电动自行车是强制性认证产品性产品，即将执行的标准为GB 17761—2024《电动自行车安全技术规范》：电动自行车最高设计车速不应超过25千米每时；整车质量小于或等于55千克，铅酸蓄电池车型的整车质量限值放宽到63千克；电池组标示的标称电压小于或等于48伏特等。消费者应购买符合国家标准的电动自行车，并检查产品标志是否齐全，抵制非法拼改装电动自行车。

3.使用环节。驾驶电动自行车闯红灯、逆行、横穿马路、不戴头盔等违法违规行为引发的交通事故，可能导致蓄电池因剧烈碰撞产生挤压变形，从而起火燃烧，威胁人民群众的生命安全。

4.停放环节。根据我国《高层民用建筑消防安全管理规定》可知：禁止在高层民用建筑公共门厅、疏散走道、楼梯间、安全出口停放电动自行车或者为电动自行车充电。

5.充电环节。80%的电动自行车静止状态下的火灾是在充电时发生的，其中超过一半发生在夜间充电过程中。如果在室内、门厅、过道或者楼梯间等公共区域充电，后果不敢想象。可以增加充电设施和停放场所的建设供给，加强检查宣传力度，解决电动自行车充电难的问题，将导致人员伤亡的火灾事故概率降到最低。

6.回收环节。老化的蓄电池及线路既是引发电动自行车火灾的重要原因，也是破坏生态环境的因素之一。可以鼓励电动自行车、蓄电池生产企业、销售商、回收商，采取以旧换新等方式回收不符合国家标准的电动自行车和蓄电池，杜绝废旧电池和不合格产品回流市场。

针对集中充电场所有哪些防范火灾事故的措施？

国家消防救援局于2023年发布了《防范电动自行车棚火灾事故七项措施》（试行），该措施中的电动自行车棚是指设置在室外露天场地，为电动自行车提供集中停放和充电功能的构（建）筑物。电动自行车棚应按照措施要求加强消防安全管理和防火改造，其设计施工应当符合现行消防法律法规和消防技术标准的相关要求。

1. 合理选址建造。 电动自行车棚不得与甲、乙类火灾危险性厂房、仓库、文物保护建筑贴邻或组合建造，不得占用建筑的防火间距、消防车道、消防车登高操作场地，不得影响建筑室内外消防设施、安全疏散设施的正常使用。

2. 保持安全距离。 电动自行车棚的凸出场地外缘（含防风雨棚）应与相邻建筑的外墙之间保持一定的安全距离，不得毗邻建筑的外墙门、窗、洞口等开口部位及安全出口。确有困难需贴邻建造的，应贴邻不燃性且一定范围内无门、窗、洞孔的防火墙或采取可靠的防火分隔措施，减少火势向建筑蔓延的风险。

3. 车辆分组管理。 电动自行车棚内的停车位应分组布置，根据地区实际确定每组长度或停车位数量，实行划线和分隔管理。每组之间应设置一定的防火间距，或采用修筑矮墙、设置耐火极限不低于1小时的隔板进行防火分隔。车棚应使用不燃、难燃材料，不得使用聚苯乙烯、聚氨酯泡沫等燃烧性能低于A级的材料作为隔离保温材料或作为夹芯彩钢板芯材搭建。

4.严格电气安全。电动自行车棚应安装具有定时充电、自动断电、故障报警等功能的智能充电设施。车棚内充电线路、照明线路应分路设置并穿管保护，充电设施、插座、配线箱、线缆等严禁敷设在易燃可燃物上，严禁使用大功率照明灯具，严禁私接电线"飞线充电"。

5.完善消防设施。电动自行车棚可以根据环境条件、占地面积等因素和实际需求，因地制宜设置火灾自动报警器、室外消火栓等设施，配置灭火器、灭火毯和快速移车装置等器材。组建电动自行车火灾快速处置志愿消防组织，完善应急处置预案，规范处置程序，加强日常演练，做到一旦发生火灾能够"灭早、灭小、灭初期"。

6.加强监测预警。具有一定规模的电动自行车棚应当安装具有自动识别、预警功能的24小时视频监控系统，图像能在消防控制室、值班室实时显示和存储。鼓励安装电气火灾监控系统，实现电气火灾自动监测预警。

7.强化日常管理。电动自行车棚的建设、管理或业主单位应当每日组织开展防火巡查、夜间巡查，每月对车棚的充电设施、消防设施等设施设备开展一次检查，及时通知专业人员维修、维护。对电动自行车占堵消防通道、安全出口、私接电线充电、长时间过度充电等行为及时进行劝阻，及时清理久放不用的"僵尸"车辆。利用社区宣传栏、楼宇电视、户外大屏等载体，常态化开展电动自行车火灾案例警示性宣传和消防安全科普教育。

问 遭遇电动自行车火灾如何逃生和自救？

答 **1.及时拨打"119"报警电话**。发现蓄电池冒烟、着火和爆炸等情况，要及时拨打"119"报警电话，报警时要说清地址、着火物、火势大小、报警人姓名和电话号码，并注意倾听和正确回答消防队员的询问。火势较小时，在保证自身安全的前提下，切断电源，用灭火器或水进行灭火。在火势较大或无法迅速控制火势的情况下，要立即撤离到安全地带，疏散人群，远离火灾现场并立即报警。

2.尽快远离火灾现场。首先要将生命安全放在第一位，远离火灾现场，如果无法逃离现场，要尽量寻找相对安全的地方等待救援。逃生时，要保持镇定，做出正确的逃生决策，如果发现决策错误，要立即改正。不要贪恋财物，不盲目从众。有条件时，在确保自身安全的情况下，积极进行灭火，移走可燃物，关闭门窗，阻止火灾蔓延，用水或灭火器进行灭火和降温，扩大生存空间和逃生通道。同时，通知区域内人员火灾情况，做好应对措施，有序逃生。

3.防触电、防毒气、防灼伤和防爆炸。在逃生时，要尽量避开烟雾、燃烧和爆炸区域，并戴好防护器具。如果没有防护器具，要屏气并迅速离开现场，不可乘坐普通电梯，到达安全区域再呼吸。及时切断电源，防止触电。

及时拨打"119"

尽快远离火灾现场

防触电、防毒气、防灼伤和防爆炸

第二节 燃气安全

问 什么是燃气？燃气包括哪些？

答 燃气是气体燃料的总称，可以燃烧并释放出能量，供居民生活、工业生产、商业和公共服务等领域使用。

常用的燃气为天然气、液化石油气。它们都属于可燃气体，当密闭空间中燃气达到一定浓度时，遇到明火便会发生爆炸。当燃气燃烧不充分时，还会释放出一氧化碳。因此，安全用气十分重要。

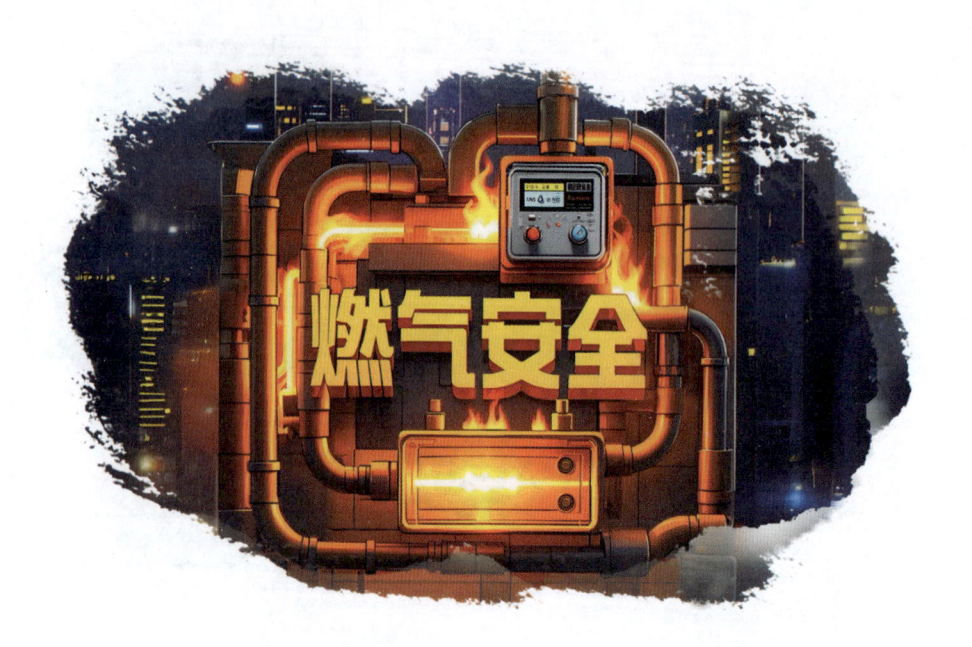

问 燃气使用不当会有哪些安全隐患？

答 1.一氧化碳中毒。一氧化碳是无色无味的气体，它是燃气不完全燃烧的产物。一氧化碳在空气中的浓度过高会引起人体一氧化碳中毒。它与人体内血红蛋白的亲和力会比氧气高240倍，会造成人体组织缺氧，从而使患者出现头痛、头晕眼花等症状，甚至严重时会危及生命。

2.火灾、爆炸。空气中天然气含量5%~15%、液化石油气含量1.5%~9.5%时，遇火源会发生爆炸。

问 燃气使用在什么情况下会爆炸起火？

答 通常来说，燃气爆炸起火需要同时具备三个要素。

1.燃气泄漏。燃气泄漏主要发生在三个部位：连接处泄漏、燃气软管泄漏、阀门泄漏。使用不当也会造成泄漏，比如汤水外溢浇灭燃气灶火焰时，燃气有可能泄漏。

2.达到爆炸浓度。液化石油气、天然气的主要成分是甲烷，空气中的甲烷浓度过高或过低一般不会引起爆炸，但当介于两者之间时，就可能引起爆炸。

3.遇到引火源。当处于爆炸浓度范围内时，包括但不限于如下情形，都有可能引发爆炸。如触控开关产生的小火花、静电产生的小火花、未熄灭的烟头。

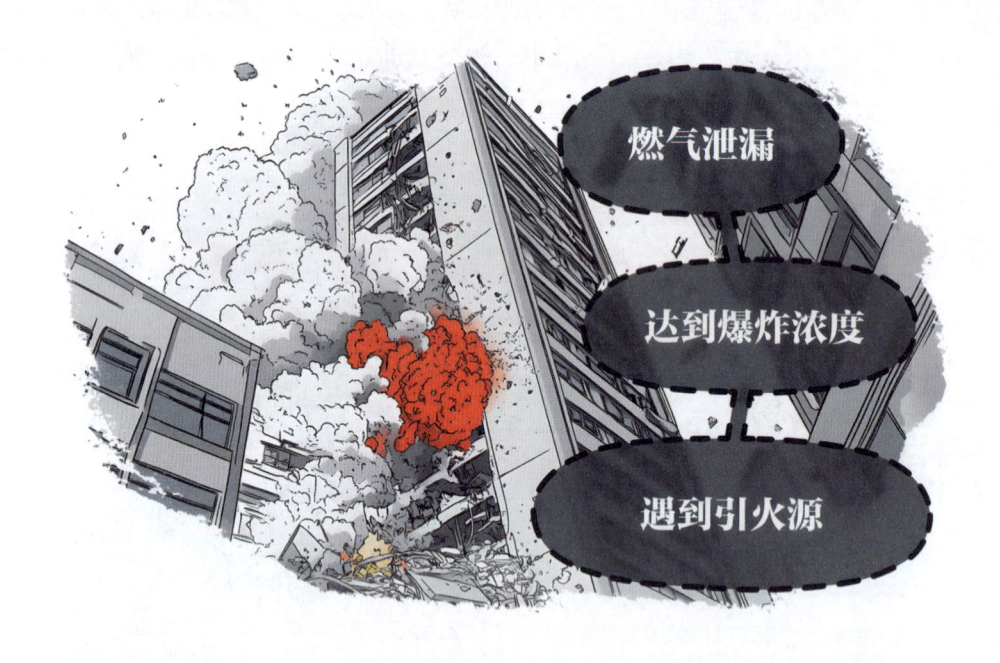

燃气泄漏

达到爆炸浓度

遇到引火源

问 怎么判断燃气是否泄露？

答　**1.闻——用鼻子闻**。一般民用供气，都对燃气进行加臭（乙硫醇）处理，使燃气带有类似臭鸡蛋的气味，这样易于发现泄漏。所以一旦察觉到家中有类似的异味，就有可能是燃气泄漏。

闻——用鼻子闻

2.看——看燃气表。在完全不用气的情况下，查看气表的末位红框内数字是否走动，如走动可判断燃气表阀门后有泄漏。

3.涂——涂肥皂水。肥皂用水调成肥皂水，依次涂抹在燃气软管处、燃气表软管处、旋塞开关处等容易漏气的地方。如遇燃气泄漏，肥泉水就会被吹出泡沫。当看到泡沫产生，并不断增多，则表明该部分发生了漏气。对于极微小漏点可能无法观察到，要以专业检测工具检测结果为准。

问 发现室内燃气泄漏该怎么办？

答

1.立即通风。迅速关闭燃气阀门，并立即打开门窗进行通风换气。需要注意的是，不要情急之下打开排气扇进行通风，排气扇是通电的。

2.杜绝一切火源，不要开关任何电器，更不要动用明火。穿脱衣服会产生静电，特别是混纺、尼龙织物，静电也可能会引爆空气中一定浓度的可燃气体。

3.转移到室外安全地带后，拨打燃气公司及"119"报警电话。值得

注意的是，通话时电话、手机内部有可能产生微小火花，也会引起爆炸，拨打电话求助时应远离现场。

拨打燃气公司及"119"报警电话

问 如何安全使用燃气？

答

1. 选择正规供气企业。 瓶装液化气用户应使用有燃气经营许可资质的供气企业供应的瓶装液化气，与供气企业签订供用气合同。

2. 安全用气使用规范。 燃气具或用气设备应设置在通风良好、符合安全用气条件且便于维护操作的场所，并应设置燃气泄漏报警器和自动切断装置。燃气具应设置熄火保护装置。使用燃气具时应先点火后开气，使用时人不要离开厨房，保持通风良好。用气完毕应关闭燃气具阀门、灶前阀门或液化气钢瓶角阀。定期用肥皂水检查燃气管连接口，发现漏气立即关闭阀门报修。

3. 注意燃气软管连接。 燃气具应使用不锈钢波纹软管、金属包覆软管等使用年限不低于燃气具判废年限的专用连接软管，不得使用普通橡胶软管连接。连接软管不能超过2米，不能有接头、三通，不能穿越墙、楼板、顶棚、门窗等。

4. 厨房内禁多种火源，并应配消防器材。 厨房内禁止使用两种以上火源，如混用液化气、油、酒精、煤、柴等其他燃料。厨房内应设置干粉灭火器、灭火毯等消防器材。

5. 禁止私改燃气设施。 严禁私自拆、装、改、移、包裹天然气管道及相关燃气设施，如有拆、改、移需求应拨打供气企业服务电话申请办理。严禁将燃气管道作为负重支架或者接地引线。

6. 禁止违规使用液化气钢瓶。 严禁在地下室、半地下室、高层建筑等场所储存、使用液化气钢瓶；严禁加热、摔、砸或者倒卧使用液化气钢瓶；严禁擅自处置液化气钢瓶残液。

第三节 森林火灾应急防范

问 什么是森林火灾？

答 森林火灾是指失去人为控制，在森林内自由蔓延和扩展，对森林和森林生态系统和人类带来危害和损失的，超过一定面积的林火燃烧现象。森林火灾是一种突发性强、破坏性大、处置救助较为困难的自然灾害。大面积森林火灾被联合国粮食及农业组织列为世界八大主要自然灾害之一，也是公共突发事件之一。

问 森林火灾有哪些种类？

答 森林火灾需要可燃物、火源和氧气三者相互作用才能形成，这三者就是森林火灾的三要素，简称燃烧三角。其中，可燃物指森林中所有的有机物质，如乔木、灌木、草类、苔藓、地衣、枯枝落叶、腐殖质和泥炭等。根据燃烧空间位置，森林火灾一般分为地表火、树冠火和地下火三类。

1. **地表火**。其指火沿地表蔓延，烧毁地被物，危害幼林、灌木、下木，烧伤大树干基和下部枝叶以及露出地面的树根。根据其蔓延速度快慢不同，可分为急进地表火和稳进地表火。

2. **树冠火**。其指能引起林冠层燃烧蔓延的火。根据其蔓延情况又可分为急进树冠火和稳进树冠火。

3. **地下火**。其指在林地腐殖层或泥炭层燃烧的火，在地表面一般看不见火焰，只有烟，可以一直燃烧到矿物层和地下水的部位。

第三章 | 消防安全

问 森林火险等级、防火期常识有哪些？

答 森林火险等级划分为5个等级，分别是一级、二级、三级、四级、五级。其中三级、四级、五级为高森林火险等级。一级为难以燃烧的天气，可以用火；二级为不易燃烧的天气，可以用火，但是可能走火；三级为能够燃烧的天气，要控制用火；四级为容易燃烧的高火险天气，林区应停止用火；五级为极易燃烧的最高等级火险天气，要严禁一切野外用火。

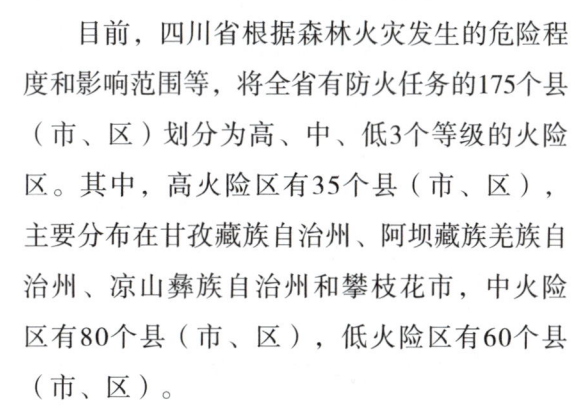

目前，四川省根据森林火灾发生的危险程度和影响范围等，将全省有防火任务的175个县（市、区）划分为高、中、低3个等级的火险区。其中，高火险区有35个县（市、区），主要分布在甘孜藏族自治州、阿坝藏族羌族自治州、凉山彝族自治州和攀枝花市，中火险区有80个县（市、区），低火险区有60个县（市、区）。

另外，依据森林火险等级及未来发展趋势，由森林防灭火指挥机构所发布的预警信号，共划分为中度危险、较高危险、高度危险、极度危险4个等级，依次为蓝色、黄色、橙色、红色预警信号，其中橙色、红色为高森林火险预警信号。

一般把容易发生森林火灾的季节，规定为森林防火期。根据气候特点和森林火灾的发生规律，不同地方的森林防火期不同。四川省的森林防火期一般为每年1月1日至5月31日，各地可根据实际情况适当延长。

053

如何防范森林火灾?

增强防火意识

公众应充分了解森林火灾的危害性和防范知识，增强防火意识。通过学习、观看宣传资料等方式，了解森林火灾的原因、预防方法和应对措施。

遵守防火规定

1.遵守防火规定和禁令。遵守当地政府和林业部门发布的防火规定和禁令，特别是在防火季节内。

2.林区禁烟火，勿丢易燃物。不在林区吸烟、野炊、烧烤或使用明火。不在林区随意丢弃易燃物品。

不携带火种进入林区

进入林区前，确保身上没有携带火种，如打火机、火柴等。如果必须携带火种，应将其存放在安全的地方，并确保不会引发火灾。

发现火情及时报告

如果在林区发现火情，应立即向当地林业部门或消防部门报告，并提供准确的火情位置、火势大小和可燃物情况等信息，以便救援人员迅速赶到现场。

问 森林防火"十不要"具体是什么？

答

1. 不要携带火种进山。
2. 不要在林区吸烟、打火把照明。
3. 不要在山上野炊、烧烤食物。
4. 不要在林区内上香、烧纸、燃放烟花爆竹。
5. 不要炼山、烧荒、烧田埂草、堆烧等。
6. 不要让特殊人群和未成年人在林区内玩火。
7. 不要在野外烧火取暖。
8. 不要乘车时向车外扔烟头。
9. 不要在林区内狩猎、放火驱兽。
10. 不要让老、幼、弱、病、残者参加扑火。

问 发现森林火灾该怎么做？

答 第一步，如果火势较小，可以用水浇、土埋、大树枝扑打、灭火器喷射等方法及时扑灭火苗。如果火已燃起，难以控制，一定要马上避险，并拨打森林火警电话"12119"报警，不要盲目与大火对抗。

扑灭无果后，立即向逆风方向逃生

第二步，转移避险时，一定要先判断风向，逆风逃生，向下走或横走。如果风停了或者暂时无风，有可能是风向要发生变化，一定不要大意！

第三步，注意远离密集的灌木、草丛，寻找空旷的安全地带。进入安全地带后，要迅速清除周围可燃物，排除安全隐患。切记不可选择低洼、坑或洞，因为低洼、坑或洞容易沉积烟尘。

第四步，森林火灾除了高温火焰会给人造成伤害外，浓烟和一氧化碳也会给人造成伤害。撤离时如果周边有水源，可用浸湿的衣物等遮掩口鼻。

第五步，撤离时如果被大火包围在半山腰时，要快速向山下跑，切忌往山上跑，通常火势向上蔓延的速度要比人跑的速度快得多，火会跑到你的前面。

第六步，如果被大火包围后确实没有其他的逃生办法，选择火势较弱的地方，用衣物护住头部并迅速穿越火线逃生。

第四节 冬季火灾应急防范

问 为什么冬季容易发生火灾？

答 冬季寒冷干燥，物品也特别干燥，含水量降低，遇火容易燃烧；冬季用火、用电、用气增多，又逢烤火取暖时期，起火因素多，极易引发火灾；从风险隐患看，随着岁末年终到来，一些企业抢工期、赶进度意愿强烈，违规作业、带险运行隐患突出，容易引发火灾。

问 预防冬季火灾要从哪些方面做起？

答 1. **不要掉以轻心**。进入冬季，家庭日常做饭、照明、取暖等用火次数较多，空调、火炉等取暖设施的使用频率较高，稍有不慎易引发火灾。

2. **不要让家用电器带"病"工作**。家用电器出现故障时，一定要及时维修，以免引发火灾。此外，选质量好的插座对避免火灾同样重要。

3. **不要随意吸烟，注意安全隐患。** 吸烟时要注意消防安全，避免在大风天室外吸烟、乱扔烟头或在禁火地点吸烟，以防引发火灾事故。

4. **不要让孩子玩火。** 家长应对孩子进行防火教育，避免孩子在可燃物附近燃放烟花爆竹或用火柴、打火机在住宅内玩火。

5. **不要随地存放、随意使用易燃易爆危险品。** 使用家里易燃易爆危险品如液化气钢瓶、气体打火机等时，要严格遵守操作规定，不要让孩子接触这些危险品。

购买取暖器认准"3C"认证标志

问 取暖设备如何安全使用？

答　　到冬天，四川地区天气阴冷，居民家里的小孩子衣服、袜子不容易干，家长喜欢放在取暖设备上烘烤，这其实是非常危险的。把这种半干的，甚至还是比较湿的衣物直接放在取暖设备上烘烤，1分钟内，衣物的温度就可能达到600℃。切勿把这些电暖器、电吹风当成烘干机来使用，更不能将衣物等覆盖在取暖设备上。

冬天用得比较多的暖手宝，这里也要提示一下，其最"怕"的是漏水和漏电，所以在充电前一定要确保它干燥。此外，暖手宝严禁重压，严禁拿一些尖锐的物品去刺它，防止液体漏出，造成漏电的情况。选择

058

购买的时候，体内如果有硬硬的圆柱体的东西嵌在里面的这种暖手宝通常是电极式暖手宝，在选用这种类型的时候还是要慎重一点。

切勿直接在取暖设备上烘烤衣物

问 高层住宅发生火灾如何逃生？

答 高层建筑因结构复杂、功能多样、人员密集等诸多因素，增加了消防安全隐患。在高层建筑里遇到火灾，首先要冷静地观察火情和环境，迅速分析判断火势趋向和灾情发展的可能，抓住有利时机，选择合理的逃生路线和方法，争分夺秒地逃离火灾现场。千万不能利用电梯作为疏散通道，也不能选择跳楼，应选择沿着楼梯应急指示灯逃生。有些高层建筑还专门设有避难层，如果无法逃离大楼，可以暂时待在避难层等待援助。

沿着楼梯应急指示灯逃生

或待在避难层等待援助

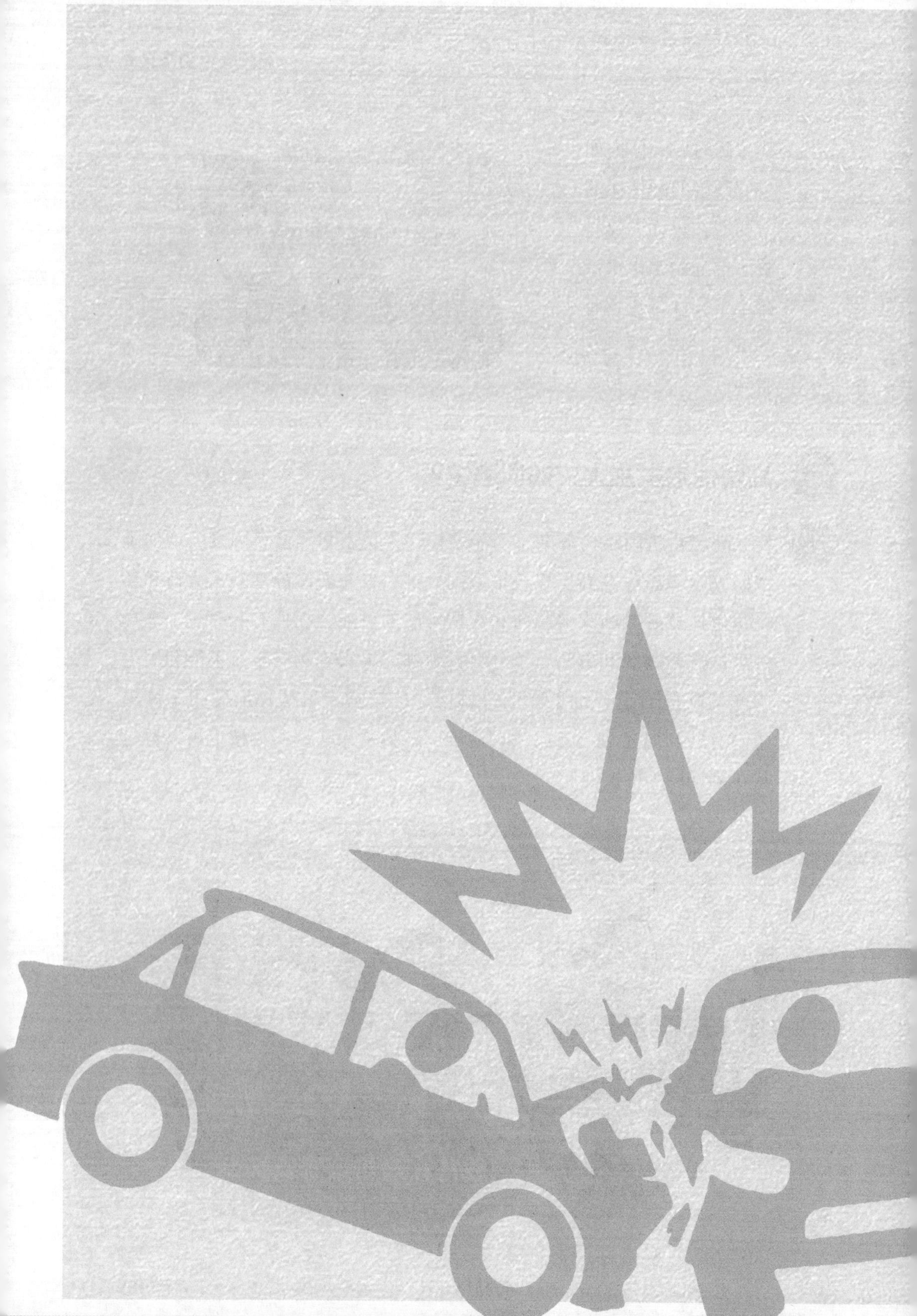

第四章 CHAPTER 4

交通安全

第一节 日常驾驶安全

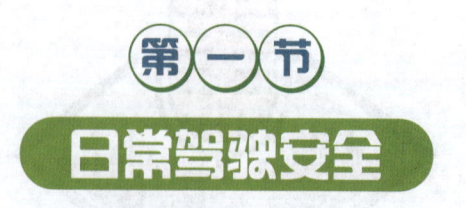

问 什么是防御性驾驶？

答 防御性驾驶的核心在于预防措施，通过系统总结和归纳相关的驾驶技能和习惯，形成一套科学的安全驾驶体系。这种驾驶方式旨在帮助驾驶员更全面地观察并了解驾驶环境，更准确地预测不确定的潜在危险因素，并及时采取预防措施，以避免交通事故的发生。这种以"预防为先"为核心的驾驶理念和技巧，就是防御性驾驶。

问 驾驶员酒驾对行车有哪些影响？

答 危险的驾驶行为会严重威胁驾乘人员的人身安全。驾驶员饮酒后驾车会出现行动笨拙、反应迟钝、车辆操作能力降低、路况的判断能力和反应能力降低、视觉障碍、心态不稳、易疲劳等现象，极易引发交通事故，造成人身安全和财产损失。此外，保险公司对酒后驾驶造成的所有损失都是拒赔的，酒后驾驶造成的损失对驾驶员将是极为沉重的负担。

酒驾极易引发交通事故，造成损失

问 驾驶员超速行驶对行车有哪些影响？

答 超速驾驶会缩短驾驶员的反应时间，降低对突发情况的处理能力，容易发生追尾、侧翻等道路交通安全事故。车辆转弯时，速度越快的车，转弯时产生的离心力越大，车辆所受的横向力也越大。离心力的大小与车速的平方成正比，所以超速行驶的车辆急转弯时容易出现侧滑翻车事故。长时间的超速行驶下驾驶人容易产生紧张的情绪，甚至出现疲劳、操作失误等现象，也会减弱对行人、非机动车、其他机动车行进速度和路面的判断能力，瞬间反应能力大大减弱，容易发生交通事故。有些驾驶员对超速行驶的危害性认识不足，也没有意识到道路限速对车辆安全行驶的重要性。他们可能会认为，路况好就可以开得快，甚至对道路限速产生误解。但其实不同的路段设立不同的限速是以该路段的路况、车流量等客观事实为科学依据的。

问 驾驶员疲劳驾驶对行车有哪些影响？

答 驾驶员疲劳驾驶时，会出现判断能力下降、反应迟钝和操作失误增加等系列问题。如换挡不及时、不准确；操作动作呆滞，甚至会忘记操作或出现短时间睡眠现象，失去对车辆的控制能力，极易导致交通事故的发生。

问 驾乘人员不系安全带对行车有哪些影响？

答 在车辆发生事故或紧急制动时，会产生巨大的惯性力。惯性力极易使不系安全带的驾乘人员与车内的方向盘、挡风玻璃、座椅靠背、车门等物体发生碰撞，对其身体造成严重损害，甚至将其抛出车外。

问 如何避免疲劳驾驶？

答 预防疲劳驾驶的有效方法有很多种。我们将其概括为以下几个方面。

1.睡。安全第一，困了不要硬撑，能睡则睡会儿，因为这短短的一觉或许就关系着车上所有人的生命。因此，驾驶员要确保充足的睡眠，在长途驾驶前保证7~8小时的持续睡眠时间，驾驶途中也要定时停车休息，尽量避开午后和夜间行车，日间连续驾驶不要超过4小时，夜间不超过2小时，每次停车休息20分钟以上，途中若感觉困倦，应尽快选择安全地带停车休息。

2.吃。困了就要找点事做，比如说吃点口香糖、薄荷糖、巧克力等能提神的东西，能多嚼会儿就多嚼会儿。但也要注意不要过量摄入咖啡因和糖分。

3.吹。调整车内环境，保持车内温度适宜，通风良好，减少噪声干扰。如果车内温度过高，会加重睡意，此时就可以利用车内空调来调低温度。

4.听。打开音响听听音乐或广播，用一些轻快节奏的音乐或有趣的广播，帮助驾驶员保持清醒，可以把声音调得大一点。

5.说。如果车上还有同伴，就跟他聊天，找一些感兴趣的话题聊几句，但同时要注意观察路况，不要过于投入。如果可能，可以与其他人轮流驾驶。

6.抹。在车上准备几瓶风油精、薄荷油之类的东西。犯困的时候，就在太阳穴或脑门上抹一点，凉飕飕地能够帮助提神。

第四章 交通安全

问 针对不同的事故类别，在事故发生后应该如何处置？

答 按照车辆的损失严重程度，可以将事故简单分为如下三类。

第一类是事故损失轻微且事故责任明确的，第一时间应该利用手机拍照取证，然后将车辆移至应急车道并做好安全防护措施，同时报警并等待警察处理。

第二类是事故造成车辆损坏严重、不能移动的，第一时间将车上人员转移至护栏外等安全区域，报警并等候警察处理，同时做好现场保护措施。

第三类是事故造成车损严重且有人员伤亡的，第一时间拨打急救电话抢救伤员，同时拨打报警电话寻求警察的帮助，同车其他人员协助做好现场的保护和抢救工作。

另外，若夜间在高速公路上发生交通事故，由于视线不良，应在判明基本情况后迅速做出合理的处置措施，做好现场保护，不要将车辆留在行车道上，人员应撤离到护栏外等安全区域，等待警察前来处理。

问 不使用或不正确使用警示标志的危害都有哪些？

答 一些车主在车出故障后，仅打开双闪灯，不使用或不正确使用三脚架警示标志。这种做法是错误的，有可能会导致后方车辆很难在短时间内察觉到前方车辆故障或事故，无法及时采取减速、避让等措施，极易引发二次事故。

若未按规定放置警示标志，驾驶员将面临罚款、记分等处罚，造成二次事故发生的，车辆所有人或驾驶员需承担因事故造成的人员伤亡、财产损失的赔偿责任。

问 长假或长途出行应该给车辆做哪些必要检查？

答 出行前进行车辆安全检查的重要性在于确保车辆处于良好的工作状态，预防故障和事故的发生，延长车辆使用寿命，以及符合交通法律法规的要求。应该检查的方面包括但不限于以下几个方面。

1. 检查刹车片、刹车盘、刹车油和刹车管线的状况。
2. 检查轮胎的磨损程度、胎压和轮胎的平衡。
3. 检查发动机机油、冷却液、传动带、火花塞和排气系统。
4. 确保所有车灯包括前照灯、转向灯、刹车灯和尾灯均正常工作。
5. 检查电池的电量和连接情况。
6. 检查减震器、稳定杆和悬挂部件的磨损情况。
7. 检查车身有无损伤、锈蚀和底盘部件的状况。
8. 确保安全带功能正常，气囊无损坏且处于待命状态。
9. 检查排气管有无泄漏和损坏。
10. 检查车辆的电子控制单元和相关传感器是否正常工作。

出行前做好这些方面的检查有助于及时发现车辆潜在问题并进行维修，确保长途行车安全。

长假或长途出行给车辆做必要检查

问 车辆发生事故落水该如何自救？

答 如果车辆被困水中，保持冷静至关重要。第一时间立即解开安全带并尝试打开车门。如果车辆已经开始进水，就应尽快解开安全带，因为水压可能会使安全带难以解开，若车门可以打开，就迅速逃离。中国国家应急广播此前实验视频证明，当车辆涉水30厘米左右，车门还是可以打开的；而涉水60厘米左右时，车门已无法打开。需注意的是，现在大部分车门是电子控制，一旦汽车断电，车门会自动上锁。所以，汽车落水时要马上打开电子中控锁，避免车门因断电而锁死。

若无法在第一时间打开车门，要当机立断降下车窗，待水进入车内，内外水压一致后便可打开车门逃生。即便是车门因断电无法打开，也可以迅速从车窗爬出逃生。若车窗和车门都无法打开，就要果断破窗。这里要提醒几点。

1.车内要常备安全锤等工具，并放在车内随手可及的地方。

2.为了避免破窗瞬间水流裹挟碎玻璃划伤自己，一定要用衣物等包上皮肤裸露部位，尤其是头面部。

3.若车内没有安全锤等工具，还可以利用身边的尖锐物品，比如高跟鞋、汽车头枕的两个细长坚硬钢管。

4.要就近破窗，但不要砸前挡风玻璃，因为它是双层，不易破，应该先砸侧后窗。

问 驾车遭遇冰雪天气怎么办？

答 **1.降低车速、匀速行驶**。冰雪天气路面湿滑、摩擦系数降低，导致车辆制动效能降低，易发生侧滑事故。因此，在冰雪天气驾车时，要将车速降到安全范围，在急弯、路面湿滑等易引发滑转的路段，更要严格控制车速。车辆发生侧滑后，切不可急打方向盘或紧急制动。

2.谨慎变道、避免急刹车。冰雪天气，遇情况要提前采取制动、减速措施，避免紧急制动、紧急转向，以防车辆侧滑发生危险。同时，冰雪恶劣天气应避免频繁超车、随意变道，应与前车保持合适的距离。

3. 与前车保持2~3倍车距。冰雪天气行车时，应与前方车辆保持其他季节干燥路面安全车距的2~3倍，并且随时注意观察前车的驾驶状况，以提前做好各种应急措施的准备，尽量避免急刹车。

4. 驾驶员做到"四慢四缓"。驾驶员行车时务必要做到"四慢四缓"，即慢加油、缓起步，慢打方向、缓转弯，慢踩刹车、缓制动，行车慢、心态缓。

问 高速行车时遭遇刹车失灵怎么办？

答 保持冷静

刹车失灵时，不要惊慌，要保持冷静，集中精力控制好方向盘，保持车辆直线行驶。

打开双闪灯

及时开启双闪灯，向周围车辆发出危险信号，让其他车辆采取避让措施。

合理利用手刹

1.机械手刹。如果车速不是太快，试着先拉手刹看看能不能把车速降下来。拉手刹时注意，不要拉得过快过死，如果一把拉死手刹，容易导致车辆后轮抱死，进而引发车辆中控甩尾，所以一定要缓用力，慢慢将手刹拉死。

2.电子手刹。电子手刹相对安全、简单，在刹车失灵的情况下，一直按住电子手刹按钮，就能触发车辆的紧急制动系统，车辆就会紧急制动，把车速慢慢降下来。

尝试换低挡位

1.手动挡车型。可以先踩离合器踏板，拉入空挡，然后轰脚空油，使转速升高，再踩离合器踏板，挂入低速挡。这样可以依靠发动机制动来使汽车减速，增加制动效果。

2.自动挡车型。可以通过手动模式减挡或挂入低速挡（L挡或S挡）慢慢减速，最后拉紧手刹停车。

（五）应急预案

车辆刹车失灵还可用应急预案，其原则是保证驾乘人员安全。

1.靠右上坡，防溜避撞。留意上坡路条件允许的话，靠最右边车道行驶然后将车开向上坡路，只要一收油，没有不停下的道理。不过，这时要防止车辆后溜，注意后车动向，打好方向，避免和后车碰撞。

2.往软土、沙地里开。如果路基下面不是很深，又有软土、沙地的话，就要看看有没办法"软着陆"了。将车辆开向软土、沙地上，降低风险意外的发生。

3. 可寻找护栏、山体等障碍物进行减速。 如果路边有山的话，两手紧抓方向盘，蹭向山体（最好是靠右边的山，因为右边相对来说对自己伤害会小点，可最大限度地保护自己）。要注意使整个车体和山体发生刮蹭，而不是正面撞击，一定要用右面整个车身的面积和山体接触，以增加摩擦力，使车辆更快地停下。还要注意一点，两手一定要握紧方向盘，以免方向盘抖动打伤手部。如果右面没山，而靠驾驶室这边有山的话，就只能往左边靠了。注意：不要一把方向靠死山体，而要靠一点，方向又回打一点，让车子重新回到路面，再往山上靠一把，又回拉一把。避免一把方向靠死，造成驾驶室变形，伤害自己。如果两边都没有山体可依的话，就要看路边是否有护栏或其他建筑物。方法如上，灵活应用。

靠左或靠右与侧面障碍物相蹭从而达到减速的目的

紧贴山壁，刮蹭减速

第四章 | 交通安全

第二节 高速公路驾驶安全

问 高速公路危险驾驶行为有哪些?

答 高速公路危险驾驶行为有疲劳驾驶、龟速占据左车道、加塞式超车、胡乱变道、临近出口紧急变道、路怒症,以及不当处理高速事故、超速行驶、醉酒驾驶、超员乘车等。根据交警部门近年的交通事故统计,容易导致肇事肇祸的违法行为,第一就是醉酒驾驶,第二就是超速行驶,第三就是超员乘车。

醉酒驾驶

超速行驶

超员乘车

问 高速公路驾车时发生交通事故该如何处置？

答 根据《道路交通事故处理程序规定》中的第二十三条：公安机关交通管理部门可以适用简易程序处理以下道路交通事故，但有交通肇事、危险驾驶犯罪嫌疑的除外：（一）财产损失事故；（二）受伤当事人伤势轻微，各方当事人一致同意适用简易程序处理的伤人事故。适用简易程序的，可以由一名交通警察处理。第二十四条：交通警察适用简易程序处理道路交通事故时，应当在固定现场证据后，责令当事人撤离现场，恢复交通。拒不撤离现场的，予以强制撤离。当事人无法及时移动车辆影响通行和交通安全的，交通警察应当将车辆移至不妨碍交通的地点。

所以一定要谨记，在高速公路发生轻微道路交通事故，在车辆能够移动的情况下，一定要做到"车靠边，人撤离，即报警"，马上将车挪动到应急车道或者紧急停靠带，车上的乘客包括驾驶员在确保安全的前提下，都要转移到高速护栏以外等安全地带，同时拨打高速公路24小时报警电话"122"报警。如果车辆不能挪动，要迅速转移车上的乘客，并且在确保安全的前提下，将车上的三角警示牌摆放到车辆后方至少150米远的位置，如果是夜间或者恶劣天气等低能见度的条件下，要将其摆放到200米以外的位置。

问 当车辆发生交通事故时，如何高效准确地拨打高速公路报警电话？

答 车辆突发事故时，拨通"122"报警电话后，应将信息准确传达给接线员，包括当前所处的具体地点、发生交通事故的时间、事故基本情况、是否有人员伤亡、车牌号码、联系方式等。地点在报警信息中极其重要，准确描述事故地点，有利于交警及时赶往现场。报警者可以根据设置在高速公路右侧护栏或隔离带上的公里牌和百米牌进行定位。确定事故地点后，报警者还需要沉着冷静，提供人员伤亡情况及车辆损坏程度的信息。另外，"122"与"12122"报警电话二者是有区别的。"12122"主要接收并处理高速公路上的车辆故障或轮胎爆炸等紧急情况。"122"是公安交通管理部门设定的，旨在接收并处理公众关于交通事故的报警。

车辆发生突发事故时，拨通"122"报警电话

问 高速公路行车突然遭遇爆胎怎么办？

答

1.保持冷静。车辆发生爆胎时可能会突然失控，但保持冷静是首要任务，不要惊慌失措，以免做出错误的反应。

2.紧紧握住方向盘。此时要紧紧握住方向盘，尽量保持车辆直线行驶，避免急转弯或突然刹车。

3.打开双闪灯。立即打开双闪灯，提醒其他车辆注意，然后轻轻踩下刹车踏板，逐渐降低车速。

4.靠边停车、放置三角警示牌并拨打"12122"。当车速降至安全范围内时，选择在应急车道停车，尽量避免在行车道上停车，以免引发二次事故。停车后，在确保安全的情况下，迅速下车在车辆后方150米处放置三角警示牌，夜间及能见度低的时候延长至200米以外处放置三角警示牌。拨打高速报警救援电话"12122"，在等待救援期间，驾乘人员应撤离到高速公路护栏外等安全区域，不要在行车道或应急车道上逗留。

保持冷静

紧紧握住方向盘

打开双闪灯

靠边停车、放置三角警示牌并拨打"12122"

问 高速公路行车遇紧急情况如何处置？

答 在高速公路上遇到紧急情况时，首先应保持冷静，牢记九字诀：车靠边，人撤离，即报警！

1.**车靠边**。当发生事故或者车辆故障时，切记第一时间打开双闪灯，提醒后方来车注意。然后，若人员无受伤或受伤轻微且车辆还能移动的，逐渐减速并注意观察后视镜和盲区，在确保安全后，立即将车移动至应急车道。如果无法移动车辆，确保所有乘员迅速撤离到护栏外等安全区域，并在车辆后方至少150米处放置三角警示牌。

2.**人撤离**。将车辆妥善安置后，应立即将车上人员撤离到高速护栏外等安全地带，远离事故现场。

3.**即报警**。立即拨打"12122"报警电话求助，并向交警正确描述车辆位置（高速公路桩号）、行车方向。同时，将人员伤亡情况、是否需要救护车、事故车能否开动等现场详情简单描述，并根据情况采取进一步措施，如设置警示牌标志。在整个过程中，尽量避免在车辆周围徘徊，确保自身安全。

车靠边，人撤离，即报警！

问 在高速公路上遇到紧急情况如何操作才能确保安全？

答 根据高速公路历年事故发生相关数据显示，有三类紧急情况容易在高速公路上发生意外事故，第一类是爆胎。遇见这种情况时，不要猛踩刹车，应双手紧握方向盘，尽量保持原行车路线，同时收油门，打开双闪灯，根据路况将车辆驶向紧急停车带。第二类是车辆"水滑"或侧滑。此时也同样需要紧握方向盘，逐渐降低车速，不得迅速转向或急踩制动踏板减速。如果过度制动引起侧滑，应松开制动踏板，方向盘反向轻回方向。第三类是路上突然出现行人和动物。在高速公路上，发现突然有人或动物横穿时，应果断采取损失小的避让措施。不要轻易急转方向避让，应首先采取制动减速，以减小碰撞损坏程度。

问 错过高速公路出口怎么办？

答 如果在高速公路上错过了路口，请一定记住，千万不要在高速公路上倒车、逆行！有些驾驶员为了躲避倒车或逆行时被电子监控发现而受到处罚，更是下车将自己暴露在高速公路上，用衣物或光盘遮挡车牌。这种操作是对生命的漠视。

若错过路口，请继续向前行驶，在最近的收费站出站后，再调头进入高速公路。就以成都第二绕城高速公路西段为例，辖区全长114千米，有15个收费站，平均不到10千米就有一个收费站，即使你错过了收费站或互通路口，只需要几分钟就能出站调头，重新进入高速公路前往目的地，所以请大家切勿在高速公路上倒车、逆行。

严禁在高速公路上倒车、逆行

第四章 | 交通安全

第三节 铁路出行安全

问 动车组列车上为什么不能吸烟?

答 根据国务院发布的《铁路安全管理条例》规定,在动车组列车上吸烟或者在其他列车的禁烟区域吸烟,由公安机关责令改正,对个人处500元以上2 000元以下的罚款。

禁止在动车组列车上吸烟或者在其他列车的禁烟区域吸烟

问 乘坐列车出行携带或托运的物品都应符合哪些要求?

答 乘客随身携带或托运的物品应符合《铁路旅客禁止、限制携带和托运物品目录》的有关规定,积极配合铁路部门查验,不得夹带禁止托运和随身携带物品。

禁止托运和随身携带的物品有枪支、子弹类（含主要零部件），爆炸物品类，管制器具（管制刀具、警棍、军用或警用匕首、催泪器等），易燃易爆物品，毒害品，腐蚀性物品，放射性物品，感染性物质，以及其他危害列车运行安全的物品和法律、行政法规、规章规定的其他禁止携带、运输的物品。

随身携带或托运的物品需配合铁路部门查验

第四节 乘坐公共交通工具出行安全

问 乘坐公交车出行遭遇火灾怎么办?

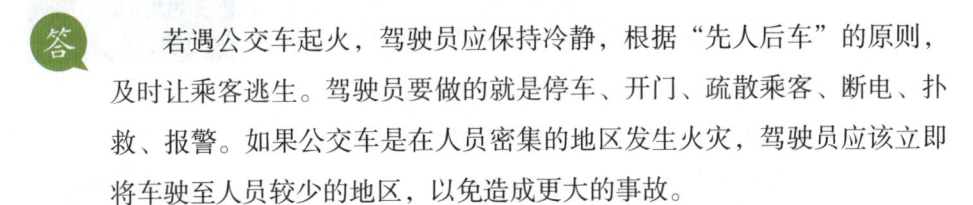

答 若遇公交车起火,驾驶员应保持冷静,根据"先人后车"的原则,及时让乘客逃生。驾驶员要做的就是停车、开门、疏散乘客、断电、扑救、报警。如果公交车是在人员密集的地区发生火灾,驾驶员应该立即将车驶至人员较少的地区,以免造成更大的事故。

如果火焰封住了车门,人多不易从车窗出去,可用衣物蒙住头从车门处冲出去。当驾驶员或乘客衣服被火烧着时,千万不要奔跑,如时间允许,可以迅速脱下,用脚将火踩灭;如果来不及,可就地打滚或请其他人帮助灭火。

在逃生过程中，切忌恐慌拥挤，这样不利于逃生，容易发生踩踏事故，造成人员伤亡。逃出后切忌返回车内取东西。

问 哪些物品不能带上地铁？

答 一是爆炸性、易燃性、毒害性、腐蚀性、放射性物品以及传染病病原体等。

二是非法持有的枪械弹药和管制器具。

三是易污损、有严重异味、无包装、易碎和尖锐的物品。

四是运货推车、自行车、以电池为动力的代步工具（不包括残疾人等特殊人群助力车）。

五是畜禽、猫、狗等宠物或其他妨碍城市轨道交通运营安全的动物，有识别标志的服务犬除外。

六是其他影响运营安全的物品。

问 乘坐地铁出行遭遇紧急状况怎么办？

答 **1.人流拥挤情况下**。如果遇到人流拥挤，走动时要溜边避开人流，遇险时身体尽量保持球状，蹲下或坐下，双手向上抱住头部，胳膊肘向外张开。

2.火灾情况下。如果遇到火灾，左手护头，右手拿衣物或者其他物品捂住鼻子和嘴巴。在有浓烟的情况下，采用低姿态前行。

3.被人流冲撞倒地情况下。如果被人流冲撞倒地，先缩成一团，顺势倒地形成侧身蜷伏动作，手十字交叉相扣，保护后脑和颈部，双肘向前，保护好太阳穴。

4.遇到暴力行凶无处可逃的情况下。如果遇上述情况，应利用自己携带的物品，如包和雨伞等其他物品，做十字交叉横扫动作，也可以利用衣服格挡、甩，缠到臂上作为防护。

5.其他紧急情况下。如果你在地铁车站感到身体不适，或发现有人需要帮助等其他紧急情况时，可以立即联系地铁工作人员。

第五章 CHAPTER 5

生产安全

第一节 有限空间作业风险防范

问：什么是有限空间和有限空间作业？

答： 有限空间是指封闭或部分封闭，与外界相对隔离，人员进出受限但可以进入，未被设计为固定工作场所，作业人员不能长时间在内工作，自然通风不良，易造成有毒有害、易燃易爆物质积聚或氧含量不足，或存在淹溺、坍塌掩埋、触电、机械伤害等其他危险有害因素的空间。有限空间比较常见，主要分为地下有限空间、地上有限空间和密闭设备三大类。

1.地下有限空间。 如地下室、地下仓库、地下工程、地下管沟、暗沟、隧道、涵洞、地坑、深基坑、废井、地窖、检查井室、沼气池、化粪池、污水处理池等。

2.地上有限空间。 如酒糟池、发酵池、腌渍池、纸浆池、粮仓、料仓等。

3.密闭设备。 如船舱、贮（槽）罐、车载槽罐、反应塔（釜）、窑炉、炉膛、烟道、管道及锅炉等。

有限空间作业是指人员进入有限空间实施作业。常见的有限空间作业主要有清除、清理作业，设备安装、更换、维修作业，涂装、防腐、防水、焊接作业，巡查、检修作业等。例如，进入污水井进行疏通作业，进入发酵池进行清理作业，进入污水调节池更换设备，在贮罐内进行防腐作业，进入检查井、热力管沟进行巡检作业等，都属于有限空间作业。

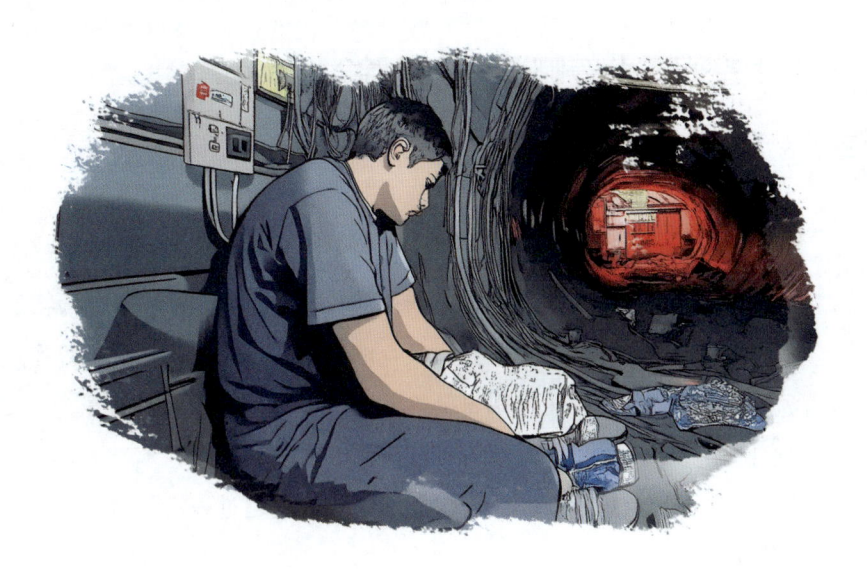

问 有限空间有哪些特点?

答 有限空间的特点主要包括:

1.封闭或者部分封闭。有限空间是一个有形的,与外界相对隔离的空间,既可以是完全封闭的,如各种检查井、发酵罐等,也可以是部分封闭的,如敞口的污水处理池等。

2.未被设计为固定工作场所。有限空间在建造前未按照固定工作场所的相应标准进行设计,未考虑人员长期作业所需的通风、新风量、采光和照明等要求,因此建成后,有限空间内部的气体环境不一定符合安全要求。

3.人员进出受限但可以进入。有限空间的进出口通常与常规的人员进出通道不同,大多较为狭小,如直径80厘米的井口或直径60厘米的孔,或虽不狭小,但也不便于作业人员进出,如各种敞口的污水处理池。虽然进出口受限或进出不便,但作业人员可以进入,如果没有开口或开口尺寸过小,人根本进不去,则不属于有限空间。

4.易造成有毒有害、易燃易爆物质积聚或者氧含量不足。有限空间在特定场景下,因其内部通风不良,容易造成有毒有害、易燃易爆物质积聚或氧含量不足,存在中毒、燃爆和缺氧窒息等风险。

问 有限空间作业有哪些安全风险？

答 有限空间作业安全风险主要包括中毒、缺氧窒息、燃爆。

有限空间作业过程中，中毒风险有哪些？

有限空间中有毒气体可能的来源包括有限空间内存储有毒物质的容器泄露，有毒物质挥发成分解成有毒气体，进行焊接、涂装等作业时产生的有毒气体，相连或相邻设备、管道中有毒物质的泄漏等。引发有限空间作业中毒风险的典型物质有硫化氢、一氧化碳、苯、甲苯、二甲苯、氰化氢、磷化氢等，当这些有毒气体浓度超过一定限值，就可能存在中毒的风险。

1.硫化氢。污水井、化粪池、纸浆池、发酵池、酱腌菜池等有机物发酵腐败场所可能产生硫化氢。这是一种剧毒的气体，低浓度时有明显臭鸡蛋气味，对人体呼吸道和眼睛有刺激作用，并引起头痛；浓度增高时，人体会产生嗅觉疲劳或因嗅神经麻痹而闻不到臭味，导致反射性呼吸抑制；当浓度达1‰或更高时，可引起人体呼吸骤停，瞬间猝死，造成"电击样"死亡。

2.一氧化碳。含碳燃料的不完全燃烧和焊接作业都可能产生一氧化碳。一氧化碳俗称"煤气"，极易与血红蛋白结合，造成组织缺氧，从而引发中毒。接触一氧化碳后一般人体会出现头痛、头昏、心悸、恶心等症状，较高浓度时能使人出现不同程度中毒症状，危害人体的脑、心、肝、肾、肺及其他器官组织，甚至造成"电击样"死亡，人吸入最低致死浓度为5‰（5分钟）。

有限空间作业过程中，缺氧窒息风险有哪些？

有限空间内因积聚单纯性窒息气体或发生耗氧性化学反应，都可能造成缺氧。引发有限空间作业缺氧风险的典型物质有二氧化碳、甲烷、氮气、氩气和六氟化硫等。

有限空间作业过程中，燃爆风险有哪些？

有限空间中积聚的甲烷、氢气等可燃性气体，以及铝粉、玉米淀粉、煤粉等可燃性粉尘与空气混合形成爆炸性混合物，若其浓度达到爆炸极限，遇明火、化学反应放热、撞击或摩擦火花、电气火花、静电火花等引火源时，就会发生燃爆。

问 如何开展有限空间作业风险辨识？

答 有限空间作业风险辨识，主要从有限空间内部存在或产生的风险、作业时产生的风险和外部环境影响产生的风险三个方面进行。其中：

1. 内部存在或产生的风险。 辨识有限空间内是否储存、使用、残留有毒有害气体以及可能产生有毒有害气体的物质，导致中毒；辨识有限空间是否长期封闭、通风不良，或内部发生生物有氧呼吸等耗氧性化学反应，或存在单纯性窒息气体，导致缺氧；辨识有限空间内是否储存、残留或产生易燃易爆气体，导致燃爆风险。

2. 作业时产生的风险。 辨识作业时使用的物料是否会挥发或产生有毒有害、易燃易爆气体，导致中毒或燃爆；辨识作业时是否会大量消耗氧气，或引入单纯性窒息气体，导致缺氧；辨识作业时是否会产生明火或潜在的引火源，导致燃爆风险。

3.外部环境影响产生的风险。 辨识有限空间是否与其他设备相连或邻近，管道是否存在单纯性窒息气体、有毒有害气体、易燃易爆气体并会扩散、泄漏到有限空间内，导致缺氧、中毒、燃爆等风险。

通过对2013—2022年发生在工贸行业的有限空间作业较大事故进行统计分析后发现，事故主要集中在集水池、调节池、厌氧池、曝气池等污水处理系统涉及的各类池体清理、泵维修作业；腌菜池腐败腌制品（水）清理作业；纸浆池、白水池、回水循环池清理作业；发酵罐（池）清理作业；窑炉清理或维修作业等，所以这类作业应特别关注。

问 哪些高风险作业需要特别警惕？

答 **1.清除、清理作业。** 如进入污水井进行疏通、进入发酵池进行清理等。
2.设备设施安装、更换和维修等作业。 如进入地下管沟敷设线缆、进入污水调节池更换设备等。
3.涂装、防腐、防水和焊接等作业。 如在储罐内进行防腐作业、在船舱内进行焊接作业等。
4.巡查和检修等作业。 如进入检查井和热力管沟进行巡检作业等。

问 企业有限空间作业安全管理应满足什么要求？

答 企业有限空间作业安全管理应满足的要求包括："关键少数"的职责落实、有限空间作业安全管理制度、有限空间管理台账和安全警示标志、有限空间作业安全培训、安全防护设备和应急救援装备配备与使用、应急预案与演练。

企业有限空间作业安全管理中,"关键少数的职责落实"体现在哪些方面?

"关键少数"主要是指企业主要负责人和有限空间作业监护、操作和应急救援人员。企业主要负责人是安全生产第一责任人,应对企业有限空间作业安全全面负责。企业主要负责人要组织落实有限空间作业相关安全操作规程(管理办法、操作指南),组织制定完善企业安全管理制度和事故应急救援预案,明确有限空间作业审批人员、监护人员、操作人员的职责,以及安全培训、防护用品、应急救援装备、操作规程和应急处置等方面的要求。监护人员是有限空间作业安全的"关键人"和"明白人",其职责贯穿有限空间作业全过程。企业应当明确专门的监护人员负责有限空间作业安全。监护人员应当掌握有限空间作业安全知识,并能正确选用气体检测报警仪、机械通风设备、呼吸防护用品等安全防护设备和应急救援装备。有限空间作业前,监护人员应当对通风、检测等风险管控措施逐项进行确认,确保各项风险管控措施落实到位。作业过程中,监护人员应当全程进行监护,持续检测气体浓度并进行机械通风,不得离开作业现场或者进入有限空间参与作业。当发现异常情况时,监护人员应当立即组织作业人员撤离现场,阻止盲目施救。

企业有限空间作业安全管理中,"有限空间作业安全管理制度"体现在哪些方面?

有限空间作业安全管理制度应明确有限空间作业审批人、监护人员、作业人员的职责,以及安全培训、作业审批、防护用品、应急救援装备、操作规程和应急处置等方面的要求。对于有限空间作业安全管理制度的形式,既可以单独制定,也可以在本企业"岗位责任制度""安全培训制度""劳动防护用品管理制度""危险作业管理制度""操作规程"等安全管理制度中覆盖上述所有要素。

企业有限空间作业安全管理中，"有限空间管理台账和安全警示标志"体现在哪些方面？

准确辨识有限空间是有效管控有限空间作业风险、遏制事故发生的基础和前提。企业应当辨识本企业有限空间，建立有限空间管理台账（特别是存在硫化氢、一氧化碳等中毒风险的有限空间）。企业有限空间管理台账应完整、准确，符合企业实际情况。辨识出的有限空间应设置安全警示标志，以提醒人员产生警觉并采取相应防护措施。存在硫化氢、一氧化碳等中毒风险的有限空间作业的工贸企业未对有限空间进行辨识、建立安全管理台账，并且未设置明显的安全警示标志的，判定为重大安全隐患。

企业有限空间作业安全管理中，"有限空间作业安全培训"体现在哪些方面？

强化人员培训，提升人员安全防护意识是减少人员不安全行为，防范事故发生的重要手段。企业应当每年至少组织一次有限空间作业专题安全培训，培训合格的方可参与有限空间作业。培训对象应至少覆盖监护人员、作业审批人、作业人员、救援人员等。培训应当注重实效，确保相关人员了解有限空间作业安全风险、作业程序和防范措施。

企业有限空间作业安全管理中，"安全防护设备和应急救援装备配备与使用"体现在哪些方面？

安全防护设备和应急救援装备是保障有限空间作业安全的必要条件。企业应当配备与作业环境危险有害因素相适应的气体检测报警仪、机械通风设备、呼吸防护用品、安全绳索等安全防护设备和应急救援装备。安全防护设备和应急救援装备应当能够正常使用，气瓶、气体检测报警仪应当定期检验、检定或校准，发现影响安全使用时，应及时修复或更换。监护人员、作业人员、救援人员应能够正确佩戴和使用安全防护用品和应急救援装备。

企业有限空间作业安全管理中，"应急预案与演练"体现在哪些方面？

制定应急预案并开展演练，是杜绝盲目施救避免伤亡扩大的有效手段。企业应根据有限空间作业特点，依据《生产经营单位生产安全事故应急预案编制导则》（GB/T 29639—2020），制定有限空间作业事故应急预案。预案应结合本企业可能发生的有限空间作业事故实际，细化救援程序和救援人员防护，确保救援人员人身安全。企业应定期组织相关人员进行培训，确保有限空间作业监护人员、作业人员、救援人员等掌握应急预案相关内容。企业应定期开展应急预案演练，专项应急预案应当每年至少演练一次，现场处置方案应当每半年至少演练一次。

问 有限空间作业安全培训内容有什么要求？

答 工贸行业有限空间作业专题安全培训内容主要包括有限空间作业安全基础知识，有限空间作业事故案例，有限空间作业安全管理，有限空间作业危险有害因素和安全防范措施，有限空间作业安全操作规程，安全防护设备、个体防护用品及应急救援装备的正确使用，紧急情况下的应急处置措施等。

培训应注重实效，确保监护人员具备与监督有限空间作业相适应的安全知识和应急处置能力，能够正确使用气体检测、机械通风、呼吸防护、应急救援等用品、装备。确保作业审批人、作业人员和救援人员具备相应的有限空间作业安全知识和技能。

问 有哪些先进工艺或技术可以降低有限空间作业风险？

答 **1.通过机械化、智能化措施替代人工作业。**例如，使用联合疏通车替代人工对污水管线进行疏通作业，使用管道检测机器人替代人工对井室

（管道）进行巡检作业，使用抓斗进行取菜作业等。

2.**通过工艺或设备改造减少作业频次**。例如，将污水处理系统中的潜水泵更换为自吸泵，将浮渣池、污泥收集池池底由平底改为锥底并设置污泥污水泄流阀，减少人员进入进行维修作业等。

3.**采取物理隔离措施，预防人员擅自作业**。采取物理隔离措施是防止未经许可人员擅自进入有限空间的有效方式。例如，对产生有毒物质的污水井（池）、腌菜池、发酵池等，可采取加装防护网，或在外围加装防护栏并上锁的物理隔离措施。另外，设置电子围栏或智能井盖等设施，通过侵入报警系统，可以预防非授权人员擅自进入有限空间。

4.**安装有毒有害气体浓度固定传感器和报警装置**。在有限空间作业区域安装有毒有害气体浓度固定传感器和报警装置，实现有限空间作业区域有毒有害气体浓度实时监测传输。

第二节 夏季安全作业风险防范

问 高温天气哪些行业和工作环节容易出现安全隐患?

答 高温天气,像是给企业的安全生产"加了把火"。像建筑工地施工、危化品管理、电气设备操作、密闭空间作业等,可得小心了。一方面工人们汗流浃背,容易中暑;另一方面机器设备也容易"发烧",一不小心就可能出问题。

问 高温天气应该如何确保安全生产呢?

答 企业要落实好安全生产主体责任,加强日常培训演练,不断提高安全生产合规化水平,同时还需要提醒大家注意以下事项。

1.**防暑降温**。夏季天气高温,连续超负荷工作容易造成中暑事故的发生。建议合理安排和调节作息时间,尽可能避开高温时段生产,尽量减少超时加班生产,做到劳逸结合,保障身体健康。

2.**防疲劳作业**。夏天温度高,劳动强度加大,加上白昼时间长,员工容易出现困倦、过度疲劳的状况,容易发生安全事故。

3.**个体防护**。为了保护一线作业人员在施工过程中的人身安全,作业人员必须穿戴个人防护装备,高空作业时系好安全带等。其实不难发现,在发生的多起安全事故中,一些人员在工作过程中因炎热放弃了个人防护装备的穿戴,一旦危险来临连最基本的防护都没有,使得原本伤害不是很大的事故变得比较严重。

4.**用电安全**。夏季是用电的高峰期,也是触电事故多发期,要加强

用电安全教育和管理工作，严禁私拉乱接电源线；认真做好机器设备和安全防护装置的维护、保养和检测工作，防止触电事故的发生。

5.防火防爆。夏季气温高，容易发生爆炸和火灾事故，所以要不折不扣落实各项防火制度，配齐消防设施，严格控制明火作业，同时对易燃易爆品要加强储存和使用管理工作，特别是产生可燃粉尘的车间和厂房，一定要做好通风工作，防止其浓度超标发生爆炸事故。

6.防泄漏中毒。随着夏季高温天气的来临，有毒气体挥发扩散速度加快，接触有毒气体岗位的操作人员很容易发生有毒气体中毒。为此，要加强相关工作岗位人员的有毒气体中毒防护工作，以及日常培训、演练等。

7.压力容器安全。不少企业涉及气焊、气割作业，由于夏天气温高，高压气体在烈日的照射下温度上升，体积膨胀，严重的会发生气瓶爆炸，造成人员伤亡和财产损失，一旦发生爆炸还会带来二次事故（比如火灾）。

8.密闭空间作业安全。夏天气温高，下水管道、检查井、窨井、化粪池、泵房集水池、污水处理构筑物等积存污水、污物的设施由于微生物作用、地势低且相对封闭，容易产生沼气。沼气浓度高时不仅会引起人员中毒，还有可能发生爆炸。

9.**防雷雨**。夏季雷雨天气增多，企业要提前部署、检查落实好防汛、防雷的设施材料；加强员工对雷雨天注意事项的安全教育，增强员工防雷击安全防范意识。

如何安全使用"驱虫神器"？

夏天，常用的驱虫产品诸如杀虫剂、花露水、蚊香等随处可见，但若不能正确使用这类"驱虫神器"会存在很大的安全隐患。

一是杀虫剂中，有一些成分属于助燃物质，遇到明火很容易燃烧，且燃烧剧烈。

二是目前市面上出售的各种花露水、驱蚊水，其主要成分是乙醇、水等，使用时也要注意远离火源。

三是点燃的蚊香，要放置在金属支架上，不可放在木凳、床单等易燃物品旁。蚊香在阴燃时，火点最高温度可达800℃，可将蚊帐、衣服、纸箱等易燃物引燃。

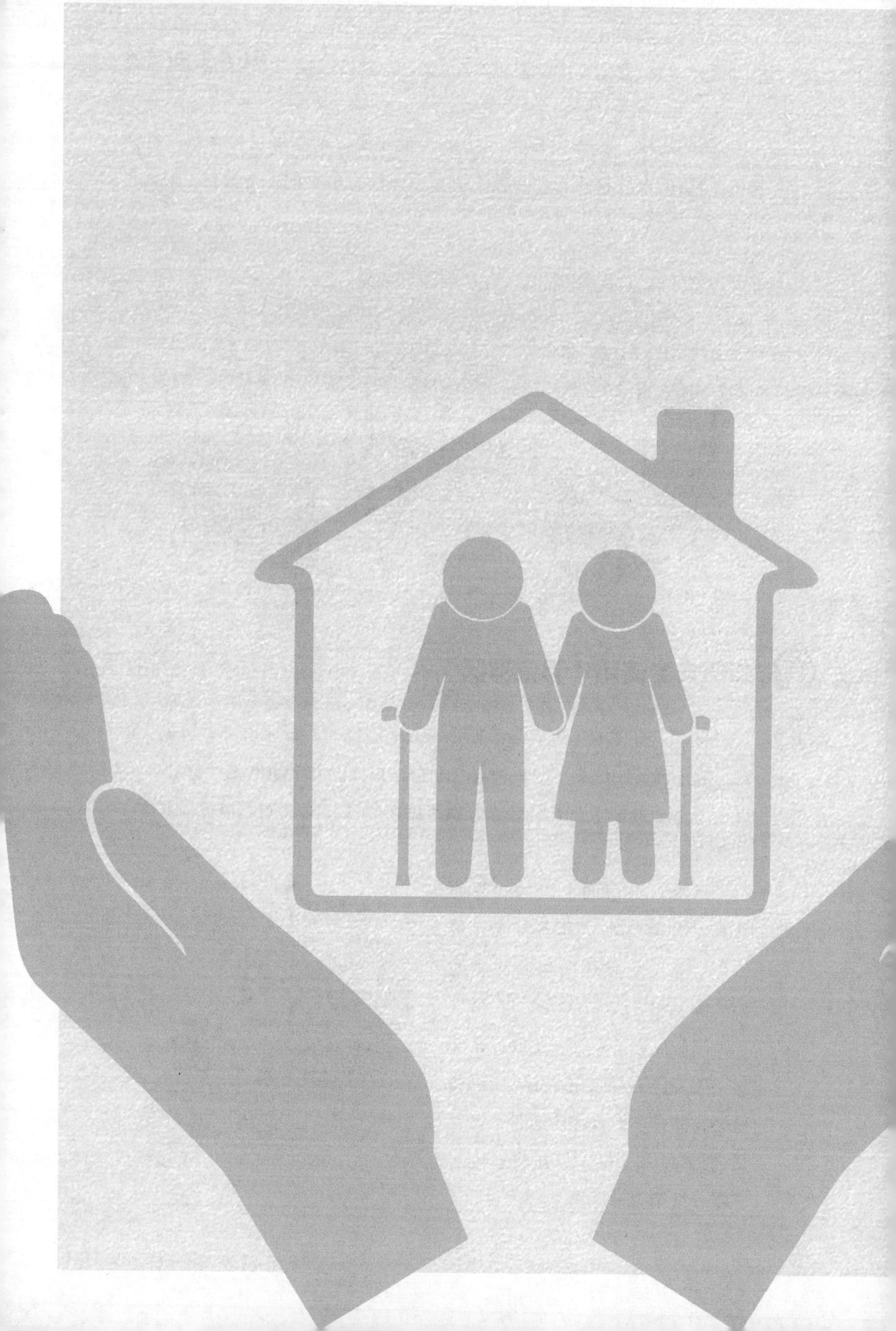

第六章 CHAPTER 6

家庭安全（老年人、儿童、女性）

第一节 老年人应急安全

问 老年人在公共场所走失，怎么办？

答 家人应立即向公共场所工作人员求助，利用广播等方式寻找老年人。工作人员通常对场所的布局和人员流动情况比较熟悉，他们可以通过多种方式迅速扩散老年人走失的信息，提高寻找的效率。

同时，家人应立即报警，向警方提供老年人的照片、穿着等详细信息。警方可以通过查看监控视频等手段寻找老年人的踪迹，提高找到老年人的可能性。

此外，家人还可以发动亲朋好友一起寻找老年人。在寻找老年人的过程中，要注意保持冷静，不要惊慌失措，以免影响寻找的效率。

- 向公共场所工作人员求助
- 立即报警
- 发动亲朋好友一同寻找

老年人烧伤、烫伤如何处理？

老年人烧伤、烫伤后应立即用流动的清水冲洗受伤部位，以降低局部温度。冲洗时间一般为15~30分钟，水流不宜过大，以免加重损伤。

如果烧伤、烫伤面积较小，就直接用清水多次反复冲洗受伤部位，直至疼痛缓解，同时注意观察受伤部位有无水疱。若受伤部位有水疱产生，流水冲洗后应及时送医治疗。如果烧伤、烫伤面积较大或情况严重，应立即就医。在送医过程中，要注意保护受伤部位，避免其被污染和再次伤害。可以用干净的纱布或毛巾覆盖受伤部位。

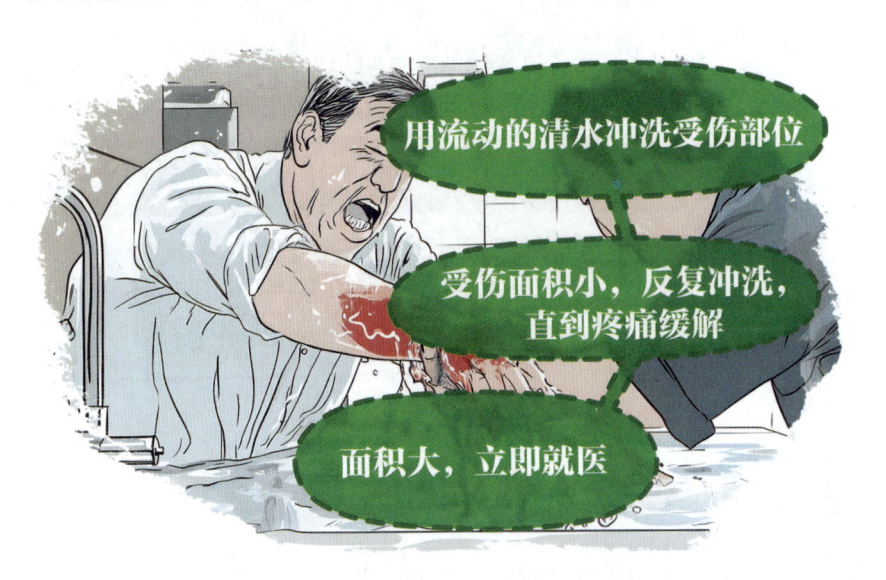

> 用流动的清水冲洗受伤部位
>
> 受伤面积小，反复冲洗，直到疼痛缓解
>
> 面积大，立即就医

老年人心脑血管疾病发作，家人在等待急救人员到来前应该做些什么？

首先，确保老年人保持安静、舒适的姿势，避免其过度紧张。过度紧张可能会加重老年人的心脏负担，导致病情加重。

其次，如果有吸氧条件，可以给予老年人吸氧。吸氧可以提高血液中的氧气含量，缓解心肺和大脑的缺氧状态。

之后，家人应密切观察老年人的生命体征，如有异常变化，应及时向急救人员报告。同时，家人应记录好老年人的发病时间、症状等信息，以便急救人员了解病情。

此外，家人应准备好老年人的病历、医保卡等资料，以便急救人员了解老年人的病史和治疗情况。

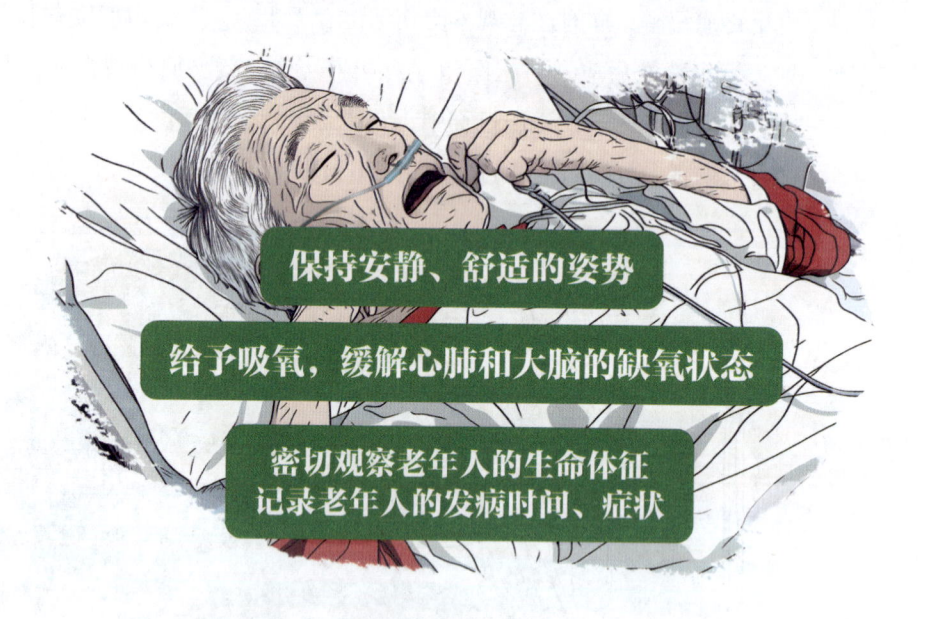

保持安静、舒适的姿势

给予吸氧，缓解心肺和大脑的缺氧状态

密切观察老年人的生命体征
记录老年人的发病时间、症状

问 老年人发生低血糖时如何处理？

答 老年人发生低血糖时，如果意识清醒，可以让其自行进食含糖食物；如果意识不清，应及时送医治疗。

问 老年人发生脑卒中该如何处理？

答 1.**立即拨打急救电话**。一旦发现老年人出现脑卒中症状，如面部歪斜、言语不清、肢体无力、突然眩晕、失去平衡或协调能力等，需立即拨打急救电话，告知急救人员患者的症状、病史和所在位置，以便及时进行救治，避免延误病情。

2.保持正确体位。在等待急救人员到达的过程中，将患者平稳地放置在平躺位上，头部略微抬高，同时，松解患者的领口、裤带等，以确保其呼吸通畅。

3.保持安静。让患者保持安静，避免其过度紧张，尤其是不要试图让其站立或行走。安静的环境有助于减轻患者的焦虑情绪。

4.观察病情变化。密切观察患者的病情变化，包括意识状态、呼吸情况、心率等。同时，记录症状出现的时间和持续时间，这些信息对医生后续的诊断和治疗非常重要。

5.避免不当处理。在急救人员到达之前，不要给患者进食或饮水，以免引起误吸或加重病情，也不要擅自给患者服用药物，尤其是解痉药或镇静剂等药物，以免掩盖病情或产生不良反应。

立即拨打急救电话
保持正确体位
保持平静
观察病情变化
避免不当处理

问 老年人发生骨折后应该如何处理？

答 1.不要随意移动患者，以免加重骨折处损伤。老年人骨折后，骨折部位可能会不稳定，如果随意移动他，可能会导致其骨折移位，加重损伤。因此，在发现老年人骨折后，不要随意移动他，应等待急救人员来进行处理。

2.立即拨打急救电话，等待急救人员处理。在等待急救人员到来的过程中，要注意观察患者的生命体征，如呼吸、脉搏、血压等。如果患者出现呼吸困难、心搏骤停等情况，应立即进行心肺复苏。

3.若有出血，应进行止血包扎。在止血包扎时，要注意用干净的纱布或毛巾压迫伤口，避免用手直接接触伤口。如果出血严重，应在伤口上方用止血带进行止血，但要注意止血带的使用时间，使用时间不宜过长。

不要随意移动患者，以免加重骨折处损伤

立即拨打急救电话

止血包扎

第二节 儿童应急安全

问 儿童溺水的主要原因是什么？

答 儿童溺水的主要原因有缺乏安全意识、擅自下水游泳、盲目施救、监管缺失等方面。

1. **缺乏安全意识**。儿童对水的危险认识不足，往往出于好奇或贪玩而接近危险水域，没有意识到潜在的危险。

2. **擅自下水游泳**。一些儿童在没有父母或其他监护人陪同的情况下，私自到江河、湖泊、池塘等水域游泳。由于他们缺乏必要的游泳技能和自救能力，所以容易发生意外。

3. **盲目施救**。当看到同伴溺水时，部分儿童会出于义气或冲动，盲目下水施救，结果不仅没能救起同伴，还使自己也陷入危险之中。

4. **监管缺失**。父母或其他监护人对儿童的监管不到位，让他们有机会独自接近危险水域。

问 哪些情况下容易导致儿童溺水？

答 1.**不了解水性**。对自己的体力和水性缺乏正确评估。贸然下水，下水后其体力不支或水性差无法应对复杂的水域环境。

2.**未做充分准备活动**。下水前未将身体活动开，下水后突然遭受冷水的刺激，出现四肢痉挛、抽搐等情况。

3.**安全意识淡漠**。水底状况异常复杂，可能长有水草等容易缠住人手脚的植物。被水底的水草缠绕是很常见的溺水原因。

4.**在水中嬉戏打闹**。孩子们在水中互相嬉戏、打闹。

5.**游泳时间过长**。游泳的时间太长，体内的二氧化碳丧失过多。

6.**身体原因**。患有心脏病、贫血、癫痫及其他疾病的儿童，可能因冷水的刺激而引起疾病复发，从而导致溺水。

问 会游泳、水性好的儿童就不会溺水？

答 每年夏天都有游泳溺水身亡的事故发生，在溺亡者中也有会游泳、水性好的儿童。看似平静的水面，水下其实危机四伏。水下情况很复杂，特别是野外水域，水下的水草、暗流、沟壑、暗礁等，每一样都可能对人造成生命威胁。此外，呛水、抽筋、过度疲劳等都可能导致会游泳的人溺水。因此，切勿以为会游泳就不会溺水。

问 有充气式塑料游泳圈就不会溺水?

答 充气式塑料游泳圈并不是专业的救生装备。当水流发生变化时,未抓住充气式塑料游泳圈或者充气式塑料游泳圈漏气的话,很容易导致溺水事故发生。

问 哪些地方是儿童溺水高发地点?

答

不同年龄段溺水高发地点不同

4岁及以下儿童的溺水高发地点主要为家中蓄水容器,如水缸、浴缸等。水缸等平时不用时应加盖;浴缸等用完后要立即排水清空;给儿童洗澡时,切勿将其独自留在浴室中。5~9岁儿童的溺水高发地点涉及水渠、池塘和水库等。10岁及以上儿童的活动范围更大,溺水高发地点主要为池塘、湖泊和江河等。

水域类型

1. **江河、溪流**。这些自然水体往往水流湍急,且可能存在暗流、旋涡等危险情况。特别是洪水季节,其水位上升,风险更大。

2. **湖泊、水库**。这些水体虽然表面看似平静,但水下可能有突变的温度层和潜流,对于游泳者来说同样危险。

3. **海洋**。海洋中的浪涌、潮汐和潜在的海洋生物等都可能对游泳者构成威胁。

4. **水井、池塘**。这些小型水体往往没有安全设施,而且由于水深较浅,容易被忽视,但对于儿童来说还是比较危险的。

5. **水上乐园、游泳池**。虽然这些场所通常有救生员在场,但如果游泳者不遵守规则或过度自信,同样可能发生溺水。

6. **施工水域**。施工水域中可能会有工具、材料等杂物,当儿童误入该场所可能会有溺水风险。

7.洪水区域。洪水可能导致原本安全的区域变得危险，如被淹没的道路、桥梁等，从而增加溺水风险。

8.冰面。在寒冷地区，站在冰面上同样存在溺水风险，尤其是冰层薄弱、容易破裂的情况下，这时一旦落水，救援难度极大。

9.排水沟、下水道。这些地方不仅水质恶劣，还可能存在突然的水流变化。

问 家长带儿童打卡"网红耍水点"要警惕什么？

答　虽然"网红耍水点"为我们提供了个性的休闲娱乐场所，但在追求独特体验的同时，必须充分认识到其中潜藏的风险。无论是自然因素和人为因素，还是法律责任和社会责任，都需要人们在打卡"网红耍水点"之前，先行评估。"网红耍水点"是否建立健全应急体系，有无安全设施、救护人员，环境是否安全等，家长都要进行评估。快乐游玩，安全一定是前提，安全有保障的休闲玩乐过程才能是愉快的。希望大家都能理性、安全地享受每一次旅行的美好时刻，这才是"打卡文化"的正确打开方式。

问 为防范儿童溺水，家长要怎么做？

答　**1.家长是儿童的第一监护人**。安全无小事，儿童的安全就是家长的责任，家长要加强对儿童的安全教育和监管。预防儿童溺水的首要措施是时刻有效监护。为预防溺水，家长需要提高警惕，加强对儿童的看护，特别是在儿童接触水域时。当儿童在水中或者水周围时，家长都应专心看护，不要分心做其他事情，并与儿童保持一臂之内的距离，这样在发生危险时，家长可以及时采取措施和施救。

2.应该教育和引导儿童增强自我保护意识，学习基本的游泳和自救技能，以增加面对危险时的自保能力。家长教授儿童必要的游泳安全知识和技能，教会他们使用安全设备和观察水域环境，增强他们的自我保护意识。

3.如果遇到紧急情况，立即寻求专业救援。在等待救援的过程中，家长要保持冷静，避免盲目下水施救，以免自己也陷入危险。如果有条件，可以尝试用救生圈、竹竿、绳索等工具进行岸上救援。

问 为防范自己溺水，儿童要怎么做？

答 儿童必须谨记防溺水"六不准""四不要"。

防溺水"六不准"

1.不准私自下水游泳。

2.不准擅自与他人结伴游泳

3.不准在无家长或老师带队的情况下游泳。

4.不准到无安全设施、无救护人员的水域游泳。

5.不准到不熟悉的水域游泳。

6.不准不会水性的儿童擅自下水施救。

防溺水"四不要"

1.不要在没有家长陪同下私自下水游泳。
2.不要在设置有禁止游泳警示标识的水域游泳。
3.不要在没有安全保障或野外水域游泳。
4.不要在上下学的途中和假期在水源周边戏水。

问 儿童在水中遇到突发情况该如何应对？

答

抽筋

1.腿抽筋。尽快游到岸边或抓住附近的漂浮物；如无法继续游，深吸一口气后潜到水下，努力把抽筋的腿掰直，再努力往外踹，尽量让腿蹬直，直到抽筋慢慢缓解。

2.手指抽筋。将抽筋的那个手握成拳，反复抓握、张开，直到手不再抽筋为止。

被水草缠住

不要拼命挣扎、乱踢乱蹬，否则会让水草缠得更紧。若附近有人应尽早求助。若身边有可抓的东西，应马上抓住，让身体浮出水面。若没有，最有效的办法是深吸一口气后，屏气潜入水中解开水草。被水草缠住时，不要拼命挣扎、乱踢乱蹬，否则水草会缠得更紧。

呛水

游泳时发生呛水，应保持冷静，克制咳嗽感，有规律地踩水，让自己平静下来。接着，将头部露出水面，先在水面上闭气静卧片刻，再将头抬出水面，边咳嗽边调整呼吸动作，待气管内的水排出后，呼吸就会恢复正常。

遇到旋涡

若已经接近旋涡，应立刻放平身体浮于水面上，然后用最为擅长的泳姿顺着旋涡的方向快速游出去。

问 不会游泳的儿童溺水时如何自救？

答　1.**稳住心态**。保持镇静，挣扎得越厉害，体力消耗得越多，同时下沉得也越快。

2.**观察环境**。如果周围有可以抓、拉、扶的东西，迅速抓住，借力浮出水面。尽可能让身体浮在水面上，等着别人施救。如果没有可以抓的东西，可以用"躺平式"自救。"躺平式"自救的正确做法：先深吸一口气，憋住，把手交叉抱在胸前，然后头向后仰，将面部浮出水面，之后用嘴呼吸再缓缓地将双手贴紧水面并伸展到头顶上方，膝关节微屈，让身体呈"大"字状。此时，在浮力作用下身体便会浮出水面，落水者需要保持用嘴呼吸，注意换气时呼气要浅，吸气要深，同时耐心等待救援。

总结

保持镇静，节省体力；寻找漂浮物，尽力抓取；头部后仰，露出口鼻；深吸浅呼，放松肢体；防止呛水，用嘴吸气。

第三节 女性应急安全

问 女性独自出行应注意什么？

答 1.**通信方面**。独自外出时，提前将目的地、到达时间、同行人员等告诉家人，保持通信畅通。

2.**金钱方面**。不要随身携带大量现金或贵重物品，以免被小偷盯上。

3.**酒店选择方面**。选择正规的酒店，提前在网上了解入住酒店的相关评价。

4.**定位功能使用方面**。谨慎使用定位功能，不要把自己的行踪在社交平台上公开。

5.**出行方面**。在酒店房间里看好路线再出发，不要拿着地图在路口左顾右盼。

6.**交通工具方面**。乘坐正规运营的出租车或公共交通工具，避免坐黑车。

7.危险处理方面。遇到危险时，不要抱有侥幸心理，要立马呼救并向人多的地方跑去，千方别向偏僻小巷跑，这样有可能被坏人堵住。

8.陌生人搭讪应对方面。不要轻易相信陌生人，对待陌生人的搭讪要保持警惕。

问 女性聚会娱乐应注意什么？

答　**1.保持警惕**。不轻易信任陌生人，不要吃陌生人给的东西，不喝陌生人给的饮料。

2.与亲人或朋友保持联系。只身一人出去玩的话，一定要把自己的行踪告知亲人或朋友，并与他们保持联系。

3.控制酒精摄入量。避免过量饮酒影响判断力、自我保护能力。

4.其他注意事项。在KTV或酒吧聚会娱乐时，对于饮用的饮料要特别注意，任何曾经离过手的都不要喝。

问 女性夜跑应注意什么？

答　**1.夜跑路线选择方面**。选择明亮且熟悉的路线，最好是有摄像头监控的区域，以增加安全性。别每天都跑同一路线，多准备几条安全的跑步路线，随机选择，避免被坏人盯上。

2.穿着方面。 应穿着颜色鲜艳、反光的服饰，甚至可以买一些发光的鞋夹、腕带等佩戴在身上，增加自己在夜间被司机或其他行人注意到的机会，从而提高安全性。

3.携带物品方面。 尽量不带贵重物品，但手机和证件应该随身携带。遇到紧急情况时，手机能用于联系家人，证件能用于确定身份。

4.耳机佩戴方面。 夜跑时最好不要戴耳机。如果要戴，可以只戴一只耳朵，或将声音调小，以便听到车辆靠近的声音。

5.尽量与其他人一起夜跑。 结伴夜跑或加入一个可信的跑步团队，将大大提高夜跑的安全系数。

问 女性独自住酒店应注意什么？

答　**1.入住后锁好三道锁。** 入住后务必锁好主锁、安全扣和防盗链。

2.开门先观察，核实身份再开门。 开酒店房门时，注意观察周围是否有人。若有人站在你开门就能进入的范围内，则一定不要开门。不要轻易为声称是酒店工作人员的人开门，可以通过猫眼或联系前台核实对方身份。

3.**遇不安立即求助**。如果感到不安或有不寻常的事情发生，就立即采取行动，可以请求酒店工作人员的帮助或直接报警。

4.**遇险时精准呼救**。若在酒店遇到危险，首先要大声呼救。若周围有人，则一定要针对特定的人进行呼救，不要单纯地喊"救命"，选定一个离你最近的、有能力帮你的人。呼救时要持续且大声。若周围没人，则不要喊"救命"了，而是喊"着火了"。

问 女性遇到危险如何应急处置

答　危急时刻，要记住：生命永远是最宝贵的。不论何时何地遇到危险，应保持镇静，想尽一切办法保命，然后以最快的速度逃离并求救，不要与施害者过多纠缠。以下是一些实用的自卫技巧。

1.如果与男性施害者正面相对，可用膝盖攻击其下体。
2.如果施害者从后面勾住你的脖子，可用力掐其大臂内侧。
3.如果施害者掐住你的脖子，可用力将其小拇指掰折。
4.如果突然被施害者拦胸抱住，可用力向上击打其下巴。

第四节 家庭饮食应急安全

问 哪几类食物中毒需警惕？

答 1.**肉毒毒素中毒**。引起肉毒毒素中毒的食物多为家庭自制的植物性发酵食品，如豆瓣酱、臭豆腐、豆豉等。肉毒毒素主要作用于中枢神经系统，胃肠道症状不明显，主要以运动神经麻痹为主，患者会出现乏力、头晕、头痛、视物模糊和吞咽困难等症状。

2.**毒蘑菇中毒**。每年都有人食用毒蘑菇中毒的案例发生，但是仍有很多人喜欢自己采摘野菌，这导致毒蘑菇中毒事件屡见不鲜。通常我们都认为毒蘑菇的颜色是鲜艳的、花的，但其实很多毒蘑菇长得非常"低调"，即使是有经验的专家都会弄错，别说我们这些普通人了。运气好的，食用毒蘑菇后，只是导致恶心、呕吐、腹泻等胃肠道不适，相对病程较短，预后较好。运气不好的，甚至会出现精神错乱、神经兴奋、黄疸、抽搐等症状。更严重的情况包括急性肝损伤、急性肾衰竭等，病情凶险，病死率高。

3.**四季豆中毒**。四季豆中毒是因食用未彻底煮熟的四季豆而引起的中毒。四季豆中含有皂苷和植物凝集素，只有经过充分加热后，才能够破坏其毒性。四季豆中毒后的症状主要为胃肠炎症状，有恶心、呕吐、腹泻、腹痛等，可采用对症治疗，愈后良好。

4.**苦杏仁、桃仁、枇杷仁中毒**。苦杏仁、桃仁、枇杷仁等果仁的有毒成分为氰苷。中毒后起病快，多在进食2小时内发病。轻度中毒者出现消化道症状及面红、头痛、头晕、全身无力、烦躁、口唇及舌麻木、心慌、胸闷等症状，呼吸有苦杏仁味；重度中毒者会出现瞳孔散大、对光反应消失、意识障碍、阵发性抽搐、呼吸微弱、发绀、休克等症状，可发生末梢神经炎，多死于呼吸麻痹。

5.发芽马铃薯中毒。发芽马铃薯的致毒成分为龙葵素。食用发芽马铃薯后，中毒症状通常在数十分钟至数小时内发生。先是咽喉及口腔出现刺痒或灼热感，上腹部出现灼烧感或疼痛，然后出现恶心、呕吐、腹痛、腹泻等胃肠道症状，还可能出现头晕、头痛、呼吸困难等。为防止马铃薯生芽，应将其低温、避光贮藏。

问 发生食物中毒了如何处理？

答　1.**中毒后速就医，勿用偏方**。赶紧将患者送往最近的医院进行处理，采用催吐、导泻、洗胃等措施排出未吸收的毒物，不要盲目尝试偏方，避免延误救援时间。吃过同样食物但尚未出现症状的人员最好也一并前往医院接受检查，以便尽早处理。

2.**收集呕吐物，协助调查**。用干净的容器或薄膜袋收集呕吐物，封存高度怀疑的剩余食物，配合有关部门尽快查清中毒原因，便于及时对症处理。

3.**消毒清洁**。采样和原因调查结束后，销毁引起中毒的食物，及时对现场进行彻底消毒清理，对盛放过中毒食物的餐具、器具等进行严格消毒或丢弃。接触过中毒食物的人员须做好清洁消毒。

问 怎么预防食物中毒？

答　要从原材料采购、粗加工、烹调、储存各阶段来预防食物中毒。

1.**原材料采购阶段**。要从正规渠道、正规资质的商家处购买原材料，警惕流动摊贩（尤其是熟食）。如果是在网络平台上购买，一定要查看商家的生产资质，以及原材料的生产日期、检疫合格证明等，不买"三无产品"。

2.**粗加工阶段**。首先需要仔细挑选原材料，任何有霉变或腐败迹象的原材料都应丢弃，确保不使用有问题的原材料。接着，对挑选出的原材料进行彻底清洗，务必在流动的清水下洗净，特别是水果和蔬菜的凹陷部分和褶皱处，以去除表面污垢、农药残留及潜在微生物。最后，处理原材料时，必须严格区分生食与熟食的操作空间和工具，避免生熟交叉污染；同时也要注意菜肉分离，使用不同的切菜板和刀具分别处理肉类和蔬菜，并在处理不同类型食材之间彻底清洗双手和工作台面，以此防止交叉污染，确保食品安全与卫生。

3.烹调阶段。 大多数微生物不耐热，高温下加热一定时间，可杀灭大部分致病性微生物，同时还可去除四季豆中所含的皂苷和植物凝集素、鲜黄花菜中的秋水仙碱、生豆浆中的胰蛋白酶抑制因子等物质，所以在烹调阶段一定要对食物做到彻底加热。如果原材料体积较大，外面一层虽能被充分加热，但内部却很难充分加热。因此，在加工原材料时，尽量将原材料处理成小块，这样不仅利于充分加热，还能更好地入味。

4.储存阶段。 无论是生食还是熟食，都要采用合理的储存方式，比如低温、通风、干燥等。特别要注意生熟分开，这一理念应贯穿食物清洗、切配、储存的整个过程中，以避免交叉污染。切过生食的菜刀、盛放过生食的菜板及容器等，都应该在好好清洗之后再碰触熟食。擦桌布与洗碗巾要常清洗，避免在整个做饭过程中一张抹布用到底，防止将生食中的细菌带到熟食中。在冰箱里储存食物时，生食和熟食最好分格或分层摆放，尤其一些可直接食用的熟肉、凉菜，要将它们严格和生食分开，最好独立包装，或用保鲜膜、保鲜袋隔开，避免互相接触后引起交叉污染。

问 隔夜食物到底能不能吃？

答　隔夜食物能不能吃，主要取决于是否合理储存，以及再次食用前是否做到充分加热。没吃完的食物如果及时放到冰箱里储存好，避免细菌过多繁殖，同时注意生熟分开，避免与生食交叉污染，然后在下次食用前彻底加热，那么隔夜食物也是安全的。需要提醒大家的是，冰箱不是"保险箱"，不是放进去的食物就不会变质，冰箱只是在低温环境下减缓了食物变质的速度，所以冰箱里的食物要尽快食用。

问 怎么正确解除气道异物梗阻？

答 通过迫使气道内压力骤然升高的方法，产生人为咳嗽，把异物从气道内排出。不同的人群解除气道异物梗阻的方法不同，具体如下（下述方法针对有意识的患者）。

1岁及以下婴儿

首先，急救者取坐位，将患儿俯卧位置于前臂上，前臂放于大腿上，一只手的手指张开托住患儿下颌并固定头部，保持头低位。

然后，另一只手用力叩击患儿背部肩胛区5次。

接着，将患儿翻转过来，使其仰卧于另一只手的前臂上，前臂置于大腿上，仍维持头低位。在胸骨中下1/3处用食指及中指压5次。重复上述动作，直到异物吐出。

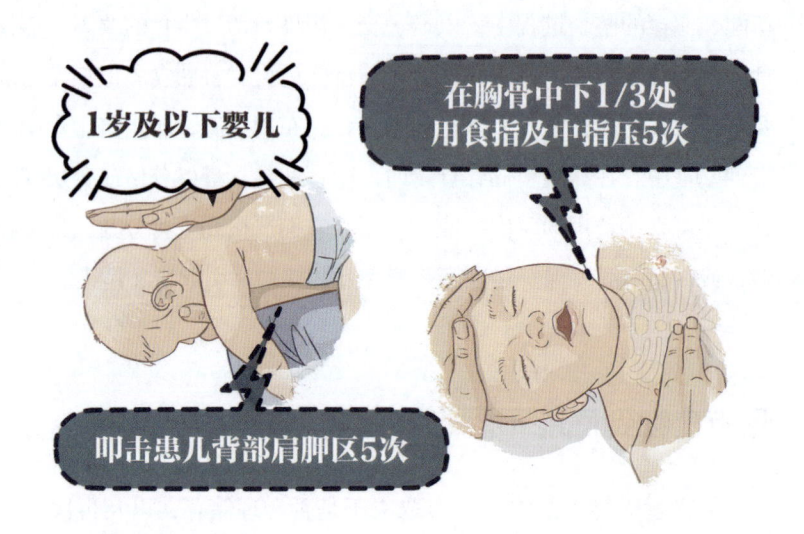

> 1岁及以下婴儿
> 叩击患儿背部肩胛区5次
> 在胸骨中下1/3处用食指及中指压5次

1岁以上儿童

首先，急救者跪于或立于患儿身后，将患儿两腿分开，使其身体向前倾。

第六章 | 家庭安全（老年人、儿童、女性）

然后，一手握拳，用虎口部顶住患儿脐上2横指的位置。

接着，另一手包住拳头，快速向内、向上使拳头冲击腹部，反复冲击直至异物排出。

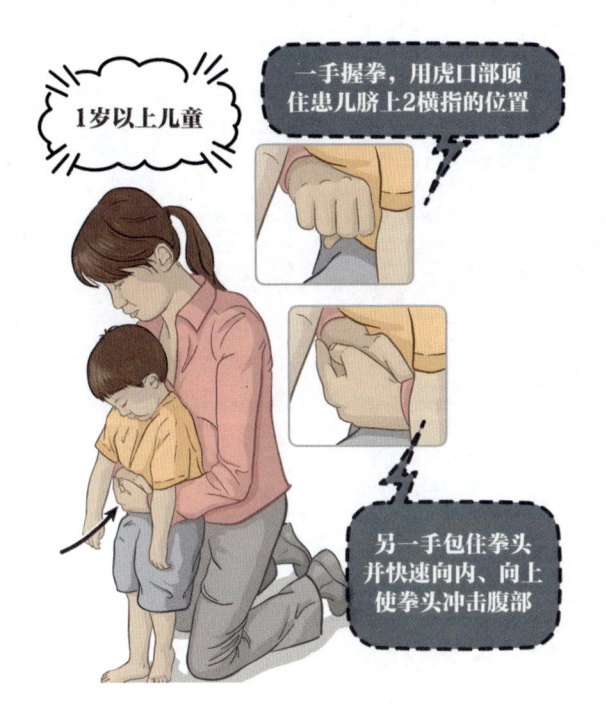

> 1岁以上儿童
>
> 一手握拳，用虎口部顶住患儿脐上2横指的位置
>
> 另一手包住拳头并快速向内、向上使拳头冲击腹部

成人

首先，急救者站在患者背后，用双臂环绕患者腰部。

然后，急救者一手握拳，握拳拇指侧紧顶住患者剑突与脐间的腹中线部位；另一手包住拳头，并快速向内、向上冲击压迫患者的腹部。重复以上动作，直到异物排出。

> 成人
>
> 一手握拳，握拳拇指侧紧顶住患者剑突与脐间的腹中线部位
> 另一手包住拳头，并快速向内向上冲击压迫患者的腹部

119

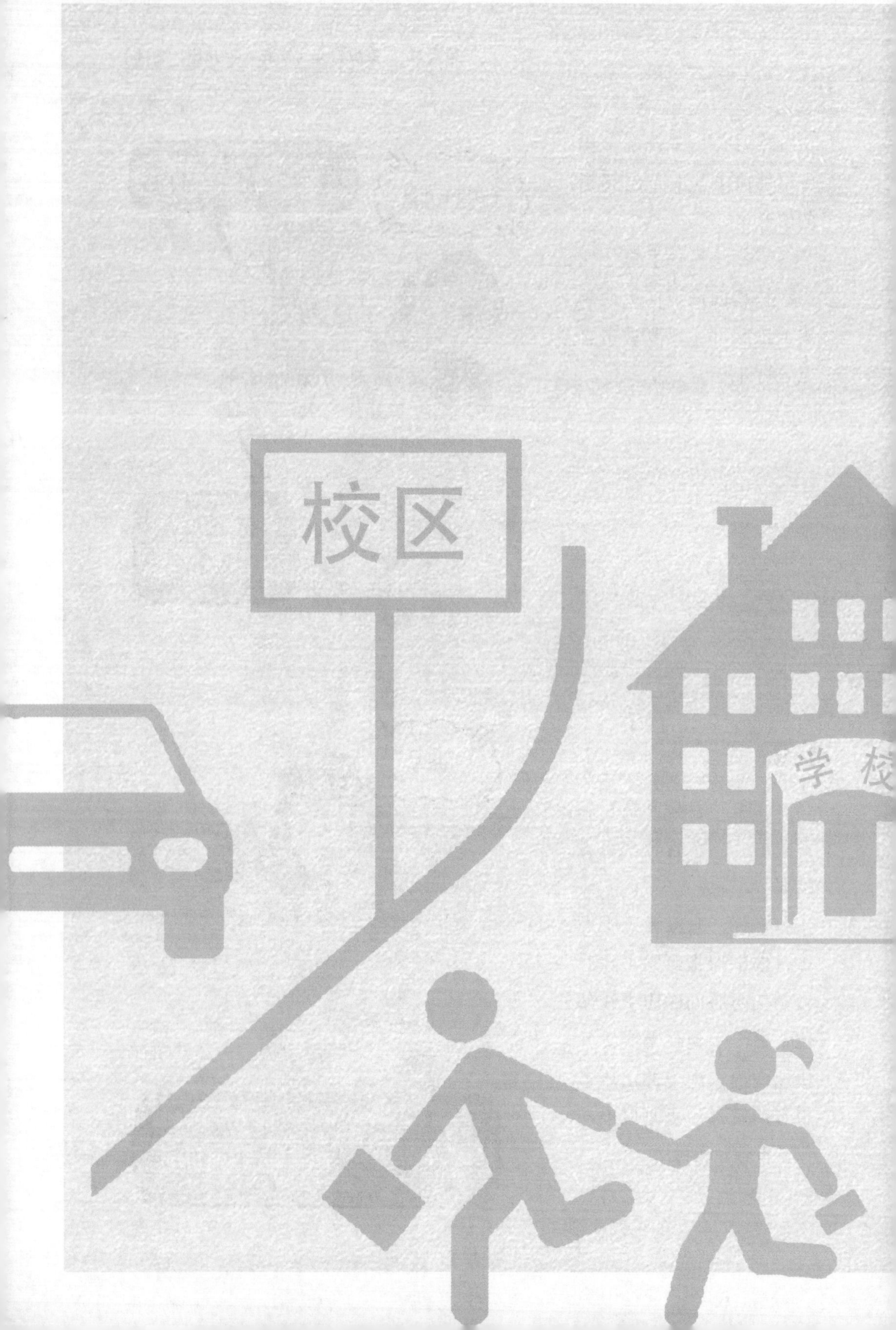
校区
学校

第七章 校园安全
CHAPTER 7

校园安全应急防范

问 校园中威胁学生安全的风险有哪些？

答 校园中威胁学生安全的风险是多方面的，主要包括以下几个方面。

1. **环境设施设备存在安全隐患**。校园内的建筑物、游乐设施、体育器材等可能存在安全隐患，如栏杆过低、松动，运动器材不符合标准等。同时，低年级学生对火源和电器的好奇心强，但缺乏足够的安全意识，如果没有做好安全教育，很容易引发火灾或触电事故。

触电事故

2. **食品安全隐患**。学校的食堂或周边的小摊贩提供的食品可能存在问题，如过期食品、变质食品等。

3. **校园踩踏**。在上下楼梯、课间活动或集体活动时，可能因拥挤而导致踩踏事故。

4. **打闹和意外伤害**。学生在教室或校园内打闹、追逐，可能导致碰撞、摔倒等意外伤害发生。

5. **校园霸凌**。学生可能遭受来自同伴的言语、身体或心理上的霸凌，霸凌事件往往会给受害者带来身体和心理上的创伤。

  6.**交通事故**。学生在上下学途中校园周边车流量大，存在发生交通事故的风险，如果不遵守交通规则或者缺乏交通安全意识，很容易发生交通事故。

  7.**网络诈骗**。学生可能接触到网络上的不良信息或遭遇网络诈骗。

  8.**自然灾害**。自然灾害是一个重要的风险来源。地震、洪水、台风等自然灾害具有突发性和不可预测性，校园可能因它们而受到破坏，从而影响学生安全。

9.心理问题。学生可能因学业压力、家庭问题等产生心理问题,影响自身安全。

问 家长和老师如何引导孩子学习安全理念,掌握安全知识,练习安全技能?

答 家长和老师作为孩子安全教育的关键施教者,可以通过多种方式引导他们学习安全理念,掌握安全知识,练习安全技能。

首先,家长和老师应该以身作则,树立榜样。家长和老师应该自觉遵守交通法律法规和消防法律法规,正确使用电器,让孩子从日常生活中感受到安全的重要性。同时,他们还要向孩子传递积极的安全理念,比如"安全第一""预防为主"等,帮助孩子树立正确的安全意识。

其次,可通过有趣的方式向孩子传授安全知识。家长和老师可以选择一些有关安全的故事书、动画片或游戏,与孩子一起阅读、观看或玩耍,让孩子在轻松愉快的氛围中了解安全知识。同时,老师还可以结合孩子的日常生活和兴趣点,设计一些有针对性的安全教育活动,比如模拟火灾逃生、交通安全角色扮演等,让孩子在实践中掌握安全技能。

此外,家长和老师还应该注重培养孩子的自我保护意识和能力。家长和老师可以通过演示安全技能等方式,引导孩子掌握正确的危险应对方法,比如遇到陌生人时如何保持警惕、遇到火灾时如何逃生等。同时,家长和老师一定要让孩子知道在面对危险时要保持冷静,及时寻求帮助。

最后,家长和老师应该与孩子保持沟通,关注他们的安全需求和困惑。家长和老师应该定期与孩子进行安全方面的交流,了解孩子在日常生活中遇到的安全问题,及时给予解答和指导,同时还要关注孩子的心理状态,帮助他们建立积极、健康的心态,以应对可能出现的安全问题。

总之,家长和老师应该通过多种方式引导孩子学习安全理念,掌握安全知识,练习安全技能,确保孩子能够在一个安全、健康的环境中成长。

问 如何预防校园踩踏事故？

答　为了有效预防校园踩踏事故，可以采取以下措施。

1.加强安全教育。学校定期组织学生、老师进行防踩踏安全教育，提高全员的安全意识和应急应对能力。

2.加强秩序管理。在早操、课间操、就餐、放学等学生集中上、下楼梯的时段，应适当错开时间，分年级、分班级逐次下楼。同时，安排老师在楼梯间维持秩序，管理学生。对于低龄学生，安排专人全程陪护，防止拥挤堵塞。

3.加强隐患排查。及时清理出口通道障碍物、堆积物，保持出口通道畅通；同时，定期检查电路照明、楼梯过道、护栏扶手等，及时消除潜在隐患。

4.加强应急演练。设计学生跌倒和拥挤踩踏情景，并开展现场演练，让师生掌握自救、互救及逃生技能，从而提高自我保护能力。

通过这些措施，可以降低校园踩踏事故的发生率，保障师生的安全。

问 家长如何引导孩子预防和应对校园霸凌？

答 为了孩子可以有效预防和应对校园霸凌，家长可以采取以下策略。

1.建立良好的亲子关系。与孩子建立开放和信任的沟通，让孩子知道家庭是他们坚强的后盾。同时，鼓励孩子分享学校中的日常事件，以便及时发现潜在的霸凌迹象。

2.**教育孩子识别霸凌行为**。让孩子了解霸凌包括言语侮辱、身体伤害、社交排斥和网络攻击等。同时,教育孩子在遇到霸凌时如何勇敢地说"不"和寻求帮助。

3.**引导孩子防范校园霸凌**。鼓励孩子日行"三善",即言语善、态度善、行为善,以减少被霸凌的风险。同时,培养孩子的同理心和正义感,让他们学会换位思考,勇于见义勇为。

4.**加强锻炼,掌握防身技能**。鼓励孩子参与体育活动,如跆拳道或防身术,以增强自我保护能力。

5.**鼓励孩子建立积极的社交圈**。引导孩子与积极正面的同学建立友谊,避免接触消极的社交圈。

6.**关注孩子的情感需求**。家长应关注孩子的情感需求,及时发现并回应他们的情感变化。

7.**培养孩子的自我保护意识和能力**。通过日常教育,培养孩子的自我保护意识和能力,教他们如何识别和应对霸凌行为。

8.**积极参与学校反霸凌活动**。家长应积极参与学校的反霸凌活动,与学校和教师保持密切沟通和合作。

通过这些策略,家长不仅能帮助孩子建立自我保护的能力,还能促进安全和谐的校园环境的营造。

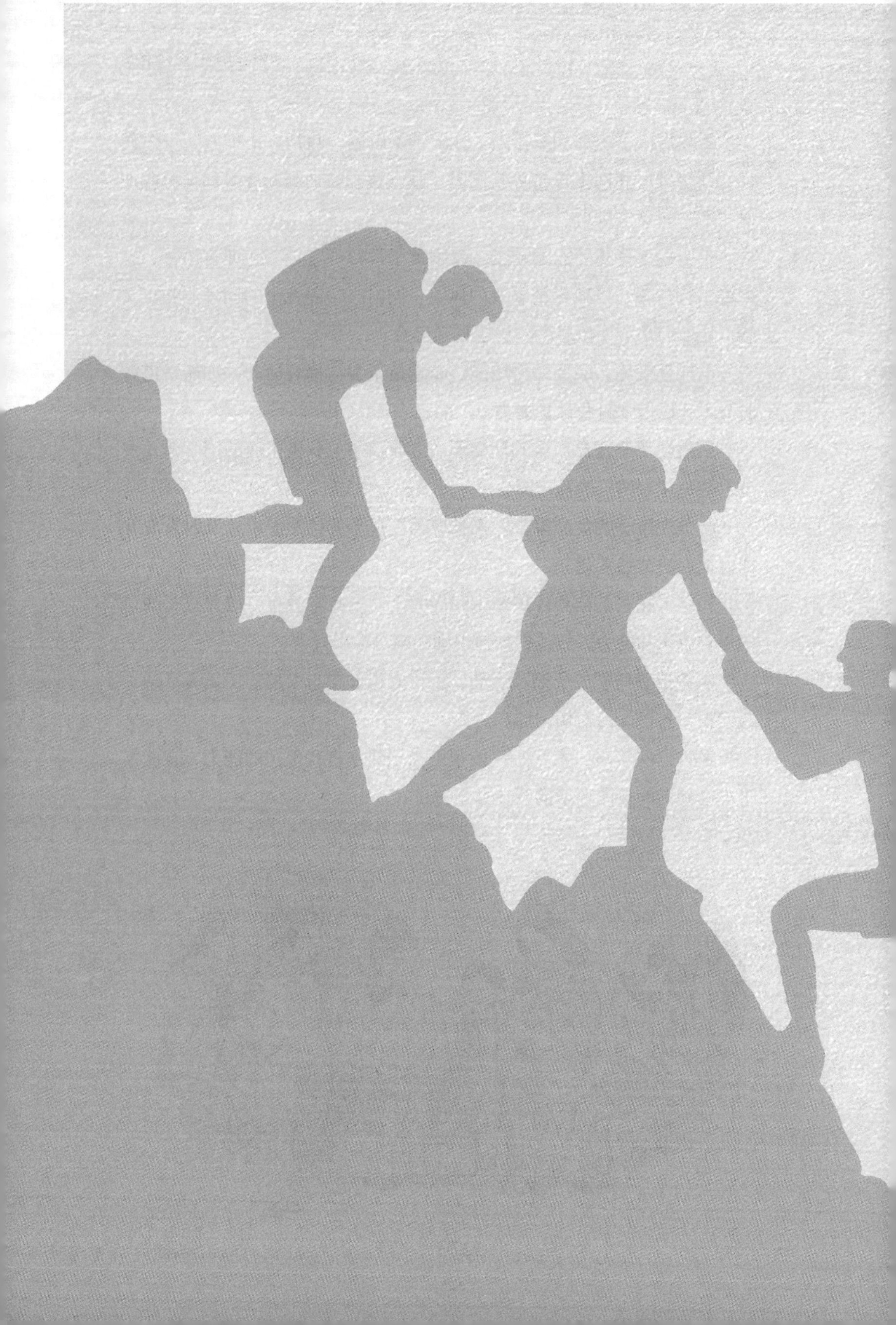

第八章

CHAPTER 8

运动安全

第一节 日常运动安全与应急处置

问 运动前应做哪些准备工作?

答 1.**充分热身**。运动前应进行5~10分钟的热身活动,如慢跑、关节活动、动态拉伸等,唤醒肌肉,激活关节,减少运动中的肌肉拉伤和关节扭伤。

2.**选择合适的装备**。根据运动类型选择合适的运动鞋和护具。例如,专业的跑鞋能为跑步者提供良好支撑,减少运动损伤。

3.**合理规划运动计划**。根据自身情况,选择适合的运动强度和类型,循序渐进,避免过度运动。

4.**检查运动环境**。选择地面平整、摩擦力适中的场所进行运动,避免在极端天气下外出运动。

问 运动前、运动中和运动后如何正确补水?

答 1.**运动前:适量补水**。运动前进行适量补水有助于提高身体的热调节能力,可防止因大量流汗而导致的脱水。

2.**运动中:少量多次补水**。运动中排汗量增加,少量多次地补充水分,有利于身体吸收。

3.**运动后:切忌暴饮**。运动后大量地饮水,尤其是冰水,会增加胃肠道负担,易引起痉挛、抽筋等症状,同时应避免饮用碳酸饮料,可以选择含有电解质的饮料。

第八章 | 运动安全

运动前：
适量补水

运动中：
少量多次补水

运动后：
切忌暴饮

问 运动性中暑如何急救？

答　运动性中暑是指肌肉运动时产生的热量超过身体能散发的热量而导致体内过热的一种状态。常见于高温环境下进行剧烈运动，且没有适当的防暑措施的情况下。

中暑正确急救方法如下。

1.迅速撤离。将中暑者转移到阴凉通风处平躺，抬高双腿，解开衣物。

2.物理降温。用冷毛巾敷中暑者额头，有条件情况下还可以用酒精、冷水或冰水擦拭全身，然后用扇子或者电风扇吹风，以加速散热。

3.补充含盐分的饮料。若中暑者清醒，应为其及时补充含盐分的饮料，防止其脱水。

4.及时就医。若中暑者出现高热、昏迷、抽搐等症状，应迅速拨打急救电话并送医。

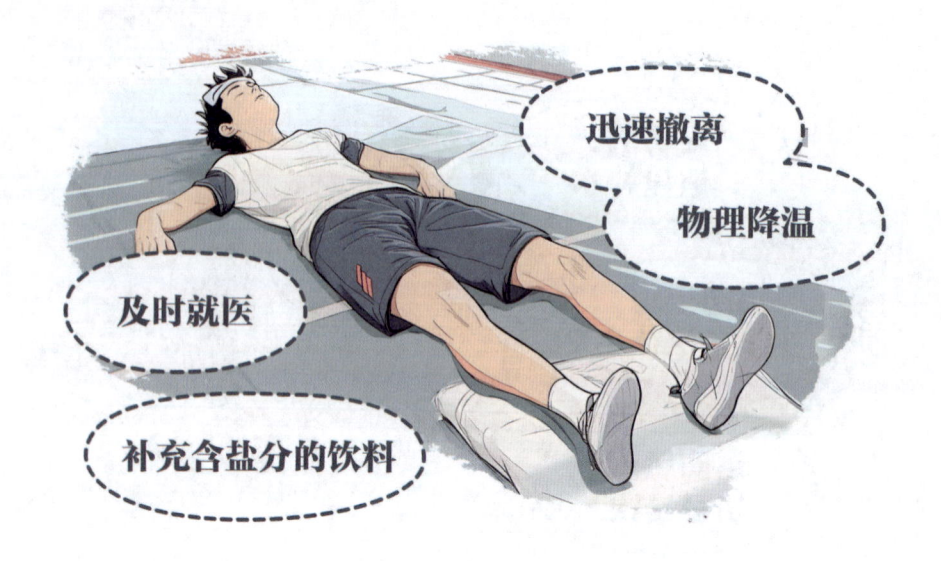

（图中文字：迅速撤离、物理降温、及时就医、补充含盐分的饮料）

问 运动时发生休克怎么处置？

答 运动时发生的休克，通常指的是在运动过程中由于各种原因（如过度运动、高温、低血糖、低血压、心脏疾病等）而引发的休克状态。这是一种严重的急性疾病，需要立即采取急救措施，以下是具体的处置步骤。

1.立即停止运动。一旦发现有人在运动时出现休克的症状，应使其立即停止所有运动活动，避免进一步加重病症。

2.保持平卧姿势。将患者移至安全、阴凉的地方，让患者平躺，并抬高双腿，以促进血液循环，增加脑部供血、供氧。同时，确保患者头部偏向一侧，避免误吸呕吐物或分泌物，保持呼吸道通畅。

3.补充水分。如果患者神志清醒，可以给患者适量喝水或含有电解质的饮料，以补充体液和电解质。但需注意的是，如果患者已经失去意识或存在呕吐等症状，应避免给予其任何食物或饮料，以防误吸。

4.心肺复苏。如果患者出现心跳、呼吸骤停等严重症状，应立即进行心肺复苏，并拨打急救电话，等待专业医疗人员的到来。心肺复苏包括胸外按压、开放气道和人工呼吸等步骤。

第八章 | 运动安全

5.监测生命体征。在等待救护车到来的过程中，应持续监测患者的生命体征，包括心率、血压、呼吸等，以便及时发现并处理任何异常情况。

6.就医治疗。患者被送往医院后，应接受全面的检查和治疗。医生会根据患者的具体情况，制定个性化的治疗方案，以恢复其身体状态并预防并发症的发生。

总之，运动时若发生休克，需要立即采取急救措施，并及时就医治疗。通过合理的预防措施可以降低运动时休克的发生风险。

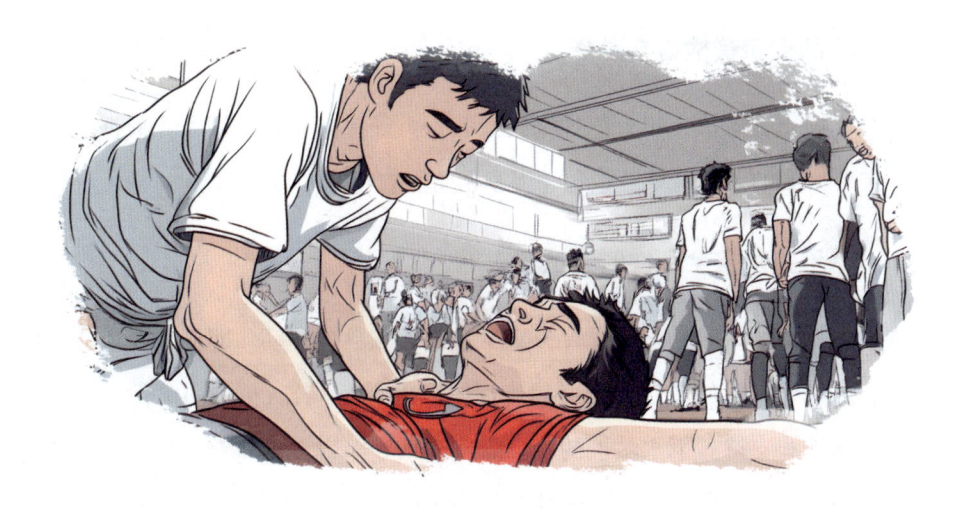

第二节 户外运动安全与应急处置

问 户外运动中有哪些常见的错误致命操作？

答 户外运动中常见的错误致命操作有以下几种。

忽视装备检查与准备

正确做法：出行前仔细检查装备，确保其完好可用，并根据行程携带必要的装备，如急救包、绳索、防寒衣物等。

不具备安全条件时贸然救人

正确做法：先确保自身安全，再考虑救援行动。即便是专业的救援人员，在实施救援时也必须确保团队中有2~3名队员协同工作，以互相防护和支持。下水救援的人员需严格系好绳索，将绳索固定在岸上结实的锚点（如大树或钢筋加固的水泥墩）上，以确保稳固可靠。

户外探险冒险涉水

正确做法：

1.**探测水深**。不得不涉水渡河时，应先找一根长棍探测水深。当水深齐腰时不能冒险涉水，因为有被冲走的风险。

2.**斜向渡河**。渡河时，应选择水流较浅且平缓的地方，并稍向下游方向横向斜移，以减轻水流冲击力，保持在水中的稳定。

3.**系好绳索**。将绳索一端打成一个单套结缠住身体，另一端固定在岸边大树等物体上，以保证身体的稳固。

不顾恶劣天气出行出游

正确做法：避免恶劣天气出行，如收到暴雨、强对流、大风等预警信息，应及时调整行程；雨季汛期尽量不要前往山岳型、峡谷型、涉水型的旅游景区，切勿前往易发生滑坡、泥石流等地质灾害的区域。

盲目前往"野生景点"

正确做法：选择正规景区，不擅自进入未开发、未对公众开放的保护区、水库、峡谷、无人岛、海滩等"野生景点"开展登山、游览、探险、戏水、露营等活动。

问 在户外遇到雷电天气后如何正确避险呢？

答 如果你已经听到雷声，就说明雷电离你已经不远了，这时应该尽快找到有防雷设施的房子或车子躲避。如果实在找不到类似位置，也不要慌张，记住以下3个雷电的"喜好"，也可以帮你躲过雷区。

1.雷电"喜欢"高处。我们要尽快远离山地和突出的地方，向地势低的地方转移。

2.雷电还"喜欢"水。这个时候如果还在划船、游泳或者钓鱼，那就非常危险了，应该立刻远离水边。

3.另外，雷电还"喜欢"金属。这个时候我们身边的金属物品很容易使我们置身危险当中，所以在雷电天气中尽量不打金属雨伞，不拿自拍杆，也不要打高尔夫球，还有一些小物件，如金属的钥匙、眼镜框、手表、项链等，需要尽快摘下并放到几米远的地方。

问 户外运动时如何应对失温？

答 人体本身就是一个热原体，随时随地和外界进行热传递作用，其中温度、湿度和风力是导致失温的主要因素。失温与季节无关。即便在夏季，也会因早晚温差，且户外天气多变，登山、徒步等运动会造成汗湿，或涉水运动时水会浸湿衣物，若此时再受到风吹，水分蒸发会让热量迅速流失，从而导致失温现象发生。更不用说在遇到了恶劣极端天气的情况下，这种风险会进一步增加。户外运动时可以从以下几方面预防失温。

1.热了脱、冷了加、湿了换。

2.做好防风防护措施。如果遇上寒冷天气出行，做好相应的防风防护措施，不要暴露在寒风中。保暖的帽子、手套、围脖、防风衣、厚袜子、防风面罩，甚至风镜都是大风寒冷天气出行的必备物品。暴露在外的身体器官越多，身体热量流失得越快。

3. 保持体能。在户外运动中，不要让自己体能透支，要防止脱水，避免过度出汗和疲劳。随时补充身体热量是非常有用的预防失温的方法。一些富含健康脂肪、蛋白质和碳水化合物的消化时间较长的食物能够帮助我们补充身体热量，提高体温，比如香蕉、燕麦、红薯等。

4. 恶劣的天气，避免户外出行。行前密切留意天气变化，途中随时观察气象，遇到极端恶劣天气，不远行是对自己最大的负责。

问 怎样才能安全地进行户外运动？

答 做好出行前的准备

1. 物资准备。携带好装备物资，包括衣物、食品、饮料、应急药品、手机及移动电源等。

2. 路线评估。通过地图和在线资源详细了解路线的长度、难度等级和海拔变化等信息。提前对路线进行评估是户外运动中非常重要的步骤，这有助于确保安全。

3.结伴同行。尽可能跟随具有户外经验的专业团队一同出行，这可以最大限度地降低风险。

物资准备

路线评估

结伴同行

迷路、被困如何自救

1.发出求救信号。如遇危险，要保持冷静，减少体力消耗，及时拨打报警电话或发出求救信号，并原地等待救援。千万不要心存侥幸，盲目尝试其他路径。关于求救信号，根据自身的情况和周围的环境条件，可以点燃三堆火，制造三股浓烟，发出三声响亮口哨声或呼喊等。

2.积极寻找水源。山谷底部、绿色植被下、草食性动物足迹频繁处很可能有水。此外，可以在树木嫩叶上套上塑料袋，在植物蒸腾作用下塑料袋内会产生凝结水。

3.搭建临时庇护所。可因地制宜，利用折断的树枝、树干、石块等搭建临时庇护所，以应对恶劣天气。

第八章 | 运动安全

第九章 网络安全

第一节 网络谣言的识别与防范

问 网络谣言是指什么？

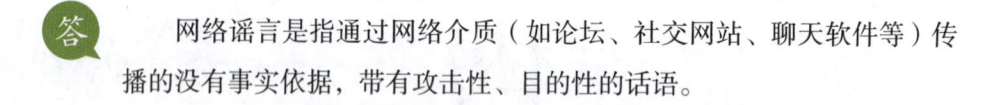

答 网络谣言是指通过网络介质（如论坛、社交网站、聊天软件等）传播的没有事实依据，带有攻击性、目的性的话语。

问 网络谣言有哪些特点？

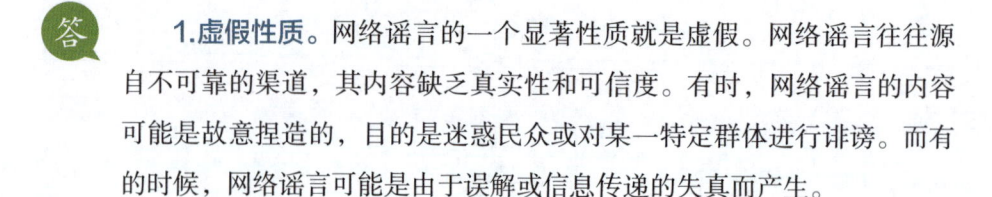

答
1. **虚假性质**。网络谣言的一个显著性质就是虚假。网络谣言往往源自不可靠的渠道，其内容缺乏真实性和可信度。有时，网络谣言的内容可能是故意捏造的，目的是迷惑民众或对某一特定群体进行诽谤。而有的时候，网络谣言可能是由于误解或信息传递的失真而产生。

2. **传播迅速**。网络谣言的另一个特点是传播速度迅速。随着社交媒体和互联网的普及，网络谣言可以在几分钟内从一个地方迅速传播到另一个地方。人们利用社交媒体平台分享、转发谣言消息，进而导致谣言迅速扩散。这种传播速度往往超过了事实的核实速度，使得谣言更加具有破坏性。

3. **情绪引导**。网络谣言往往能够引导大众的情绪，并通过引导情绪来扩大其影响力。某些谣言可能刻意制造恐慌、愤怒或恐惧的情绪，以达到特定的目的。通过对情绪的引导，网络谣言能够在人们心中植入一种特定的信念或观点，从而影响他们的判断力和行为方式。

4. **知识盲区**。网络谣言还利用人们的知识盲区来扩大传播范围。当人们对某一主题或领域了解较少时，更容易相信谣言，并将其传播出去。网络谣言往往利用人们对真相的迫切需求以及现有信息的不足，在相关领域内迅速扩散。

5.**自我强化机制**。网络谣言有一种自我强化的机制，即网络谣言往往会因为人们对其关注和讨论而变得更加"流行"。人们越关心、越讨论某个网络谣言，它的影响力就越大。这种现象被称为"关注效应"，它使得网络谣言不断扩大其影响力，并进一步深化其对社会的影响。

6.**破坏性后果**。网络谣言的产生和传播往往具有故意的成分，会对社会秩序、公众价值观、政府公信力等造成负面影响，不仅会使公众恐慌和不安，还可能引发严重的社会后果。

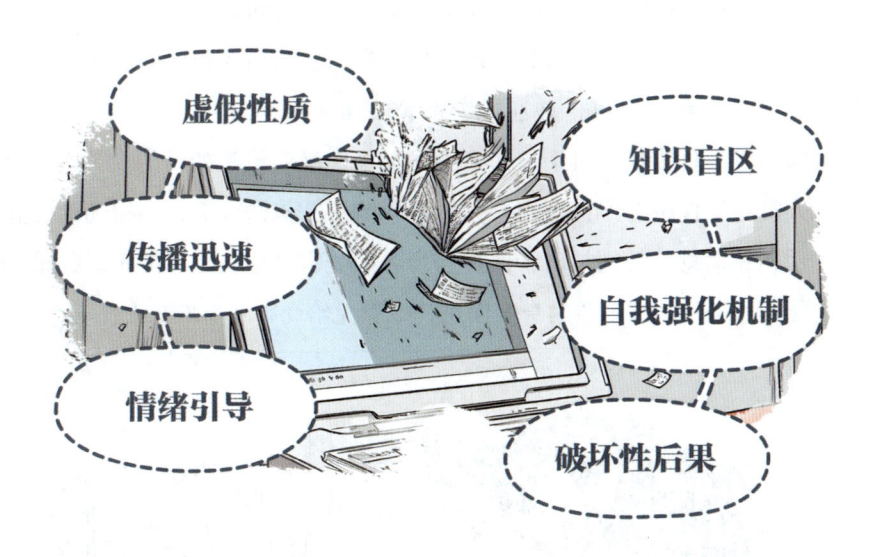

问 网络谣言的危害有哪些？

答 网络谣言的危害主要体现在：容易造成社会恐慌、容易引发社会信任危机、误导公众对事实真相的判断。

网络谣言危害中，"容易造成社会恐慌"体现在哪些方面？

网络中一个不负责任的谣言，非常容易成为社会恐慌的爆发点，这会给民众生活带来严重的负面影响。比如之前网传的"青岛地铁发生劫持人质事件"的谣言,这使不明真相的群众质疑社会秩序的安全稳定,对人身财产安全能否得到保障感到惶恐、害怕,但其实这是当地公安机关开展的一次应急处突联合演练。

网络谣言危害中,"容易引发社会信任危机"体现在哪些方面?

网络谣言偏好于虚构社会上的负面信息,这些负面信息更容易引起网民关注,导致瞬间被大量转载,从而与真相相悖。这些网络谣言会对社会的和谐稳定产生极大的威胁,让民众对政府和社会丧失信任。例如,对于发生在公共场合的突发事件,因为事发突然,公安机关在妥善处置现场的同时,也需要一定时间对整个事件进行详尽调查,但往往在这个时候,会有一些人员在网上发声要求公安机关第一时间公布视频、图片或当事人信息,并通过编造公安机关"包庇当事人""事件有猫腻"等不负责任的言论,达到引发关注、吸引流量的目的。其实,公安人员在工作中有严格规定,为了不影响正常执法办案,不得随意披露案件相关信息。特别是出于保护当事人或受害者个人隐私的角度,他们不能随意透露涉事人员的身份信息,以避免给受害者造成二次伤害。

网络谣言危害中，"误导公众对事实真相的判断"体现在哪些方面？

网络谣言缺乏事实依据，但由于其内容可满足受众的猎奇心理，具有话题性和蛊惑性，极易使大家对特定事件产生片面认识和评价，甚至有可能造成网络暴力和人身攻击事件的发生。一些不明真相的群众被网络上各种谣言所利用，受到煽动和蛊惑，质疑相关人员被包庇，但实际这些都是毫无依据的谣言。这些谣言会对相关人员的工作和生活造成严重困扰。

问 怎么识别网络谣言？

答 1.**网络谣言往往会配有虚假图片或视频来增强说服力**。在遇到此类情况时，我们应仔细辨析其来源和真实性。

2.**网络谣言在数字和逻辑上往往存在漏洞**。例如，网络谣言可能会使用极端化的数字描述将事实夸大、缩小。遇到此类信息时，应仔细核对相关内容。

3.**网络谣言往往会通过煽情、恐慌等方式诱导读者转发**。例如，其会使用"速看""紧急"等词汇或用感人的故事情节来吸引关注。

4."速看，马上删""警惕，紧急通知""已经出事，都在转"……此类标题也是发帖者为赚取关注的惯用伎俩。事实上，此类文章并不是作者删掉的，而是被网友举报后被判定为不实信息后被平台删掉的。

识别网络谣言还有以下方法。

1.**查看核实**。对于疑似谣言的信息，可以通过在浏览器上输入关键词，查看相关的正规媒体报道或官方通报等进行核实。

2.**专业网站查询**。对于涉及专业领域的知识，可以到相关的专业网站进行查询。

3.**向权威机构求证**。对于无法确定真伪的信息，可以向相关的权威机构进行求证。

4.保持清醒冷静。有些网络谣言其实存在很低级的错误，如有肉眼可见的逻辑错误、常识错误等，只要我们保持理性，遇事冷静，给自己三分钟思考时间，就能一眼识破。

问 散布网络谣言需要承担哪些法律责任？

答 　1.**行政责任**。散布谣言，谎报险情、疫情、警情或者以其他方法故意扰乱公共秩序的，尚不够刑事处罚的，依据《中华人民共和国治安管理处罚法》第二十五条的规定给予拘留、罚款等行政处罚。

　2.**刑事责任**。散布谣言，构成犯罪的，依据《中华人民共和国刑法》第一百零五条、第二百二十一条、第二百四十六条、第二百九十一条之一第二款的规定追究刑事责任。

问 如何在网络世界保持清醒头脑？

答 　不盲信网络的只言片语，在尚未全面了解信息前，引人注目的内容不要随意编辑、转发，保持理性不盲目跟风，要有求真务实的品质。

　通过官方等正规渠道了解信息，坚决不做造谣者和传谣者。

3.多读书、读好书，掌握一定的社会常识，增强自我保护意识。知识储备越充足，辩证思维就越强，谎言在知识面前自然不攻自破。

4.对法律心存敬畏，学习法律知识。培育守法好习惯，既是保护自己也是保护家人。

5.你传播的任何一个谣言都有可能成为压死骆驼的最后一根稻草，因此要谨言慎行，坚决维护良好的网络秩序，拒绝成为"键盘侠"。

6.每一个网民都有义务抵制虚假信息，遇到虚假信息应向有关部门举报，不冷眼旁观。

第二节 精准诈骗应急处置

问 典型的"精准诈骗"有哪些?

答 1. **机票退改签类诈骗**。在这种新型"精准诈骗"中,诈骗分子通过非法渠道获取旅客的订票信息,然后冒充航空公司或购票平台的客服人员,通过电话或短信主动联系受害人,准确报出受害人的姓名、航班号等个人信息,以此获取受害人的信任。在获得受害人信任后,诈骗分子谎称航班因故障、恶劣天气等原因取消或延误,并承诺给予高额赔偿金,诱导受害人下载视频会议类APP或指定软件。之后,诈骗分子通过屏幕共享功能,套取受害人银行卡账户、密码、验证码等信息,或诱导受害人转账,完成诈骗。

2. **冒充电商客服类诈骗**。诈骗分子事先通过非法渠道窃取受害人网购信息以及快递单信息,以获得受害人网购订单数据,之后冒充平台商家客服或物流客服主动联系受害人,称其订单存在卡单、调单、快递丢失、产品质量问题、交易失败等情况,提出退款理赔,对购物者或平台商家实施精准诈骗。

3. **冒充领导、熟人类诈骗**。诈骗分子事先使用受害人的领导、熟人的照片、姓名等信息"包装"社交账号,以假冒的身份添加受害人为好友,或将其拉入微信聊天群。随后,以领导、熟人身份对受害人嘘寒问暖表示关心,模仿领导、熟人等人的语气骗取受害人信任。在骗取受害人信任后,其再以有事不方便出面、不方便接听电话或者视频为由要求受害人向指定账户转账,实施精准诈骗。

问 精准诈骗具体是哪些套路呢？

答 以机票退改签类诈骗为例，讲述其诱导转账环节中存在的套路。有的骗局里，诈骗分子会给受害人发一个网址链接，称这是一个客服中心官网。受害人进入网站后按提示登记银行卡等信息时该网站会显示诸如该账号权限不足等信息。这时，诈骗分子就会说要转账补充流水以进行"身份认证"，还承诺转账的钱均会在1小时后如数退还等，但其实一旦转账，钱就会很快被层层转走。有的骗局里，诈骗分子发给受害人的网址链接是钓鱼网站。诈骗分子会让受害人进入这个网址链接并输入银行卡信息。这其实是在套取受害人的银行卡账户和密码，其获得后会立即转走卡上的钱。

问 精准诈骗如何快速识别并应急处置？

答　　一是接到航班取消、需要改签或者退票的电话或者短信后，一定要通过官方电话或者APP进行核实，不要相信对方电话或者短信的内容，不要点击陌生链接。在正规平台办理退票是不需要在退费前支付其他费用的，退款一般都是原路返回渠道，遇到诸如保证金、验证转账、流水刷信用等，肯定是诈骗。不和陌生人开启"屏幕共享"，妥善保管个人身份证、银行卡、交易验证码等信息。

　　二是正规网购的退款会由支付渠道原路退回，不需要买家再进行任何操作，更不需要开通其他金融产品来进行所谓的"退款验证"。若接到自称"店铺客服""快递客服""卖家"等的电话，请提高警惕，不要轻易透露验证码或银行卡等信息，不要点开对方发来的"退款链接"。

　　三是添加好友需谨慎。当收到自称是单位领导、孩子老师或企业老板的好友邀请时，应通过见面、电话等多种方式进行核实，避免个人信息泄露及财产损失。转账汇款前要核实：在社交软件上（微信、QQ）遇到熟人以任何理由要求大额转账汇款时，应先通过电话、视频、面对面等方式验证对方是否为本人。如对方以"不方便通话""情况紧急"等理由回避，则应提高警惕，切勿碍于人情而盲目相信对方。

问 如何避免成为网络信息犯罪的"帮凶"？

答　　诈骗分子会通过网络平台大量发布虚假办贷款的信息，以"办贷款需要刷流水""银行卡刷流水可提高贷款额度"名义，诱导群众提供银行卡接受陌生银行账户转来资金，并要求他们将收到的资金再转到他人银行账户或者在银行ATM机、柜台上支取现金，此类资金多为电信网络诈骗涉案资金。不少群众在不知不觉中，根据诈骗分子事先设下的圈套一步步从受害人变成了网络信息犯罪的帮凶，且浑然不知。等待他们的将是法律的严惩和名下银行卡被冻结且五年内不得开立新户，这使他们只能使用现金支付。

为避免成为网络信息犯罪的"帮凶",应特别注意以下几点。

1.不要参与任何违法犯罪活动,不要为任何违法犯罪行为提供帮助或支持。

2.不要非法买卖、出租和租借电话卡、物联网卡、银行账户、支付账户和互联网账户等,不要提供实名检验帮助,不要假冒他人身份或者虚构代理关系开设上述卡、账户、账号等。

3.一定要通过正规合法途径办理信用卡。

4.在发现涉诈线索时,要及时向公安机关举报。

后记

本书由四川广播电视台FM101.7四川应急广播专题节目《应急在身边》直播访谈稿整理而来。节目的初衷，是希望通过生动的访谈形式，将应急知识普及到千家万户，提高公众的应急安全意识和自救互救能力。在50多期节目中，我们围绕自然灾害、突发事故、公共卫生事件等各类突发事件，邀请了众多来自不同领域的专家，为大家带来了深入浅出、通俗易懂的应急知识和实用技能。

每一期节目的背后，都凝聚着全体工作人员的心血和汗水。制作团队从选题策划、嘉宾邀请、现场直播到后期分发传播，每一个环节都力求精益求精，将最优质的内容呈现给听众和用户。同时，我们也非常感谢各位专家的鼎力支持。他们不仅拥有着丰富的专业知识和实践经验，更有着对公众安全的深切关怀和责任感。在节目中，他们耐心解答听众的问题，用生动的案例和实用的建议，帮助听众更好地理解和应对各种突发事件。在这里，我们要特别感谢：

卢鑫、张勇军、刘婷、袁凡雨、万云、赵清扬、朱一存、章晓红、张胜、常高松、宋尧、王檐、王磊、郭小兰、张文、王丽、蒋旭伟、谭波、李伟、周月童、薛伟亮、李赓、阿楠、王琴、张云楠、孙浩、毛翀、李聃、李思熊、刘帆、宋怡、陈晨、夏开宇、刘代勇、杨超、王琼玉、邓芝密、黄浩（排名不分先后）

节目涉及多领域的专家，如心理咨询师、消防员、救护员、交警、医生等，他们都为我们的节目贡献了自己的智慧和力量。在此，我们向所有参与《应急在身边》节目的专家表示最深的敬意和最衷心的感谢！

回顾过去的50多期节目，我们深感自豪和欣慰。但同时，我们也深知，应急知识的普及和应急能力的提升是一个长期而艰巨的任务。未来，我们将继续秉承"即刻反应 应急有我"的宗旨，不断地探索和创新节目形式和内容，为公众提供更加全面、实用的应急知识和服务。

四川应急广播《应急在身边》节目组
2025年4月